后浪出版公司

HOW TO BUILD A SHED

如何建造一座小木屋

SALLY COULTHARD | LEE JOHN PHILLIPS

[英] 莎莉·库特哈德 著　[英] 李·约翰·菲利普斯 绘　范晓玲 译

漓江出版社

桂林

图书在版编目（CIP）数据

如何建造一座小木屋 /（英）莎莉·库特哈德著；
（英）李·约翰·菲利普斯绘；范晓玲译 . -- 桂林：漓
江出版社，2022.4（2023.5 重印）
ISBN 978-7-5407-9211-4

Ⅰ . ①如… Ⅱ . ①莎… ②李… ③范… Ⅲ . ①木结构
—住宅—建筑设计—普及读物 Ⅳ . ① TU241-49

中国版本图书馆 CIP 数据核字 (2022) 第 015011 号

本书中文简体版权归属于银杏树下（北京）图书有限责任公司
版权登记号：桂图登字 20-2021-270 号

如何建造一座小木屋
RUHE JIANZAO YIZUO XIAO MUWU

[英] 莎莉·库特哈德（Sally Coulthard）著
[英] 李·约翰·菲利普斯（Lee John Phillips）绘
范晓玲 译

出 版 人	刘迪才	出版统筹	吴兴元
编辑统筹	郝明慧	责任编辑	林培秋
助理编辑	滚碧月	特约编辑	汤来先
装帧设计	墨白空间·曾艺豪		

出版发行	漓江出版社有限公司	社　　址	广西桂林市南环路 22 号
邮　　编	541002	发行电话	010-65699511　0773-2583322
传　　真	010-85891290　0773-2582200	邮购热线	0773-2582200
电子信箱	ljcbs@163.com	微信公众号	lijiangpress

印　　制	河北中科印刷科技发展有限公司	开　　本	635 mm×965 mm　1/16
印　　张	9	字　　数	60 千字
版　　次	2022 年 4 月第 1 版	印　　次	2023 年 5 月第 2 次印刷
书　　号	ISBN 978-7-5407-9211-4	定　　价	78.00 元

引 言

我一直梦想有一座自己的花园小屋，不是那种仅仅用来存放
工具和花盆的小屋，而是一个舒适漂亮的小空间，我可以舒
服地窝在里面写作、放松，甚至可以在星空下打个盹。

传统的花园小屋还不够好，不是太小，就是太冷或不够结实，总之不适合一年四季都待在里面。另一种选择就是那种昂贵的定制小屋，但它们又太贵了，可能我得卖掉一个肾。

后来我想，是否能设计建造一种简单的、任何人都能自己动手建造的花园小屋呢？这种小屋的设计有大部分花园小屋的功能，不需要大规模的规划设计，也不需要大量昂贵的建筑材料。

本书将教你如何建造一座简单而精美的小木屋，容易建造，而且看上去很不错。并且，我们希望整个建造过程能给你带来快乐的体验。

它不是一座廉价的小屋，优质的建筑材料使小屋物有所值，但并不用花太多钱。我想证明任何人使用此书都可以设计建造出一座漂亮实用的花园小屋，且费用只有那种豪华度假小屋的若干分之一。如果你是 DIY 的新手也没关系，

这本书就像一份建筑图纸，引领你一步一步完成整个工程。如果你在某一步卡住了，不要担心，随时向我们提出需求，寻求帮助。事实上，就算你雇一个工人来帮你建造（不包括地基和油漆大约需要两个星期时间），整体价格仍然比定做的度假小屋便宜得多。

有些工具你可以向朋友借或者租，有些工具家里就有。但如果你真的想开始这项 DIY 工作，最好买一些必要的电动工具，否则干起来会有一些吃力，活干得也没有那么精细，就好像用明火和手动搅拌器去烘焙蛋糕一样。

总之，重要的是，这本书教给你如何去尝试。包括我在内的很多人刚开始都会对建造过程感到恐惧，但是熟能生巧。就算在过程中犯了几个错误也没有关系，这是一个学习新技能的过程，并且会得到一座漂亮的小屋喔。

如何使用本书

事情很简单，按照这些指示你最终一定会建成一座小木屋。书中的某些环节建议你寻求专业帮助，比如安装电器或门锁，一方面是因为有法律规定，另一方面是因为操作过程确实有些麻烦，特别是对一个 DIY 新手来说。

小木屋基本上是一个带有倾斜屋顶面积 2.4 米×3.6 米的大箱子。如果你是新手的话，建议做成单坡屋顶，这样搭建起来相对容易，而且看起来也比较酷。为了让建造更简单，结构中没有设计窗户，只在前面装了一对玻璃门。这使得整个工程更快、更容易，而且重要的是，使得三面墙体比较整洁干净。小木屋在设计上灵活性比较强，具有多种用途，布局也可有多种变化。

正常情况下，小木屋在设计上不需要规划许可，当然不同地区的法规要求有所不同。如果小木屋建在离边界不到 2 米的地方，大多数市政规划局要求小木屋的高度不超过 2.5 米。如果距边界还有一段距离，那么可以建得更高一些。但无论选择什么地点建造小木屋，不管是身处小城市，还是可以闲庭信步的乡村花园，人们都可以拥有一座这样的小木屋。

本书的开头部分介绍了一些基本的建造技能，在开始建造之前需要熟练掌握这些技能。比如如何装埋头螺丝钉或检查某些东西是否为方形。希望到本书的最后，你掌握了一些了不起的 DIY 技能，这些技能可以帮你树立信心，并为以后更大的项目做好准备。

这本小木屋建造手册会引导你直到开始进行个性化装饰。本书会一步一步带领你完成外部装修，但室内装饰需要你自己完成。这个过程很有趣，我们会提供很多装饰小屋的建议，但最终成品取决于你的具体需求。你可以选择安装隔热墙，或是燃木壁炉。如何选择室内涂料，选择地板还是地砖，这类似于提供一个方案，你可以随意选择。

小木屋的用途

现在你知道你需要一座小木屋了，但是你打算用它做什么呢？你可以问自己一些基本问题，比如你将如何利用这个空间，它将帮你明确建筑的关键点，例如在哪里放置照明装置和插座，如何充分利用自然光，是否需要绝缘墙，怎样加热，Wi-Fi 如何接入，等等。

这是一座很坚固的小木屋，不是很大，但足够在里面工作、休息、放松，甚至娱乐。所以，在你开始之前，坐下来准备好纸笔，把小木屋需要的基本东西记录下来。对于其他一些可变项，你可能无法控制，比如与邻居的相对方向或距离。但如果在头脑中有数，将有助于你顺利完成整个建造过程。需要考虑以下问题：

- 连接——你需要接无线网络、接电或水，或者安装插座吗？
- 温度——小木屋需要加热、制冷或其他隔热装置吗？
- 照明——需要多少自然光和人造光？
- 地板覆盖物——需要的坚固性、舒适性或工业用途是怎样的？
- 安全和隐私——内部是否可以被看到？是否需要上锁？
- 仓库和货架——计划在仓库中存放多少东西？存储功能是必要的吗？
- 噪声——你会发出很多噪声吗？或者你需要阻止外界噪声吗？
- 景观美化——小木屋的设计怎样与室外环境相匹配呢？

在哪里建造小木屋

也许你只有一个地方可以建造小木屋，但对大多数人来说有很多地方可以选择，具体选择什么地点大部分取决于你要在小屋里做什么。你可能想将自己藏在花园中，远离日常生活的干扰。或者，你想把小屋建在房子旁边，当情绪爆发时能随时跑进自己的小屋。

这首先要考虑的是找到一个与小木屋的面积相当且足够大的区域。你可以用混凝土地基或可调桩来处理稍不平坦的地面，但处理超过 15 厘米的高度差会复杂一些，且价格也较为昂贵。地面也需要相对坚实，不能太软，也不能是沼泽地，这会影响地基的坚固程度。其他需要考虑的因素包括：

• 出入——是否能自由出入，特别是需要搬运重型设备或有其他特殊需求时。
• 视线——是否需要随时都能看到你的小木屋，比如，把它用作孩子们的游戏室；还是需要小木屋尽量隐蔽，比如，你想把它用作健身房或是临时客房。
• 树木——小木屋所在场地是绿荫刚好还是遮挡太多？旁边是否有大树枝会损坏小木屋，或者小木屋会影响到现有的树木吗？
• 气候——风雨主要来自什么方向？是否想让小木屋更向阳？
• 邻居——你的小木屋会影响到邻居们吗？如何减轻这种影响？你对隐私和安静有很高要求吗？

谁来建造、什么时候建造最合适

最好不要在坏天气时开始建造。这座花园小木屋是要就地组装的（尽管可以先在车间完成所有框架，然后再运到现场），最好在干燥及有微风的日子开工。如果中途不得不停下来，记住所有的框架木料和板材都是未经处理的，它们需要防水涂层以避免被水损坏。

整个工程需要两个人来完成，大部分工程一个人就能完成，例如建造框架和外墙。但是有些工作仅靠一个人来做就有些吃力，比如把窗框吊到屋顶上、搬大块胶合板之类的工作就没有想象的那样简单。但如果你有帮手的话，像固定长木或手柄材料这样的工作就容易多了。

因各人建造经验多寡而异，小木屋建造的某些步骤可能需要专业人员的帮助。例如，安装室外电源需要建筑法规的审批，即使你居住的地区不需审批，让有资质的电工来完成这项工作总是比较安全的。同样，安装门合页和插芯锁也是一项技术活，最好留给专业工匠，特别是如果你打算把贵重工具存放在小屋里，否则很有可能因为缺乏安装经验而损坏昂贵的双开门。

基本常识

建议先通读说明书，了解基本的建造常识，了解你的经验水平。必要的话，可以外包一些你确实不擅长的工作。

用什么来建造小木屋

小木屋以木料和板材作为建筑材料，木料的实际尺寸往往
与其所说的尺寸不同。

名义尺寸与实际尺寸

对外行人来说，选购木料可能是一场噩梦，原因有两个。第一，大多数木料在出售时采用英制计量单位（尽管商家应该标注公制单位）。如果你不习惯使用英寸和英尺，就会比较困惑。第二，木料有两种基本形式——粗锯木料（直接在锯木厂锯成的木料，表面粗糙）和标准木料（通过刨床使侧面光滑均匀的木料）。小木屋将使用标准木料建造，标准木料容易搬运，而且便于精确测量尺寸。

当你购买一块标准木料时，你要的是成品木料（实际尺寸），但实际得到的粗锯木料（名义尺寸）对应的成品尺寸大约会短 5 毫米。例如，你要的尺寸是 5 厘米×10 厘米，但你实际得到的木料是 4.5 厘米×9.5 厘米。更令人困惑的是，在旧的英制计量中，标准木料的描述可能是 2 英寸×4 英寸（1 英寸 = 0.0254 米）。

即使是有经验的木匠，在购买木料时，也可能对各种标注方法感到困惑。

另外一些困惑是，一些大型的 DIY 连锁店在销售木料时已经开始使用实际尺寸而不是名义尺寸，所以在购买前一定要检查一下。

本书中所提及的木料尺寸都是名义尺寸，而你实际上使用的是短了 5 毫米的木料。

本书在描述木料切割长度时使用的是实际尺寸。例如，书中说需要 4 根围栏——189 厘米×5 厘米×10 厘米的标准木料时，这意味着你需要从 4.5 厘米×9.5 厘米的木料上切下 4 块 189 厘米长的木料。

如果你想使用回收再利用的木料，你需要确保它们的尺寸与说明书中给出的实际尺寸相符，而非名义尺寸。

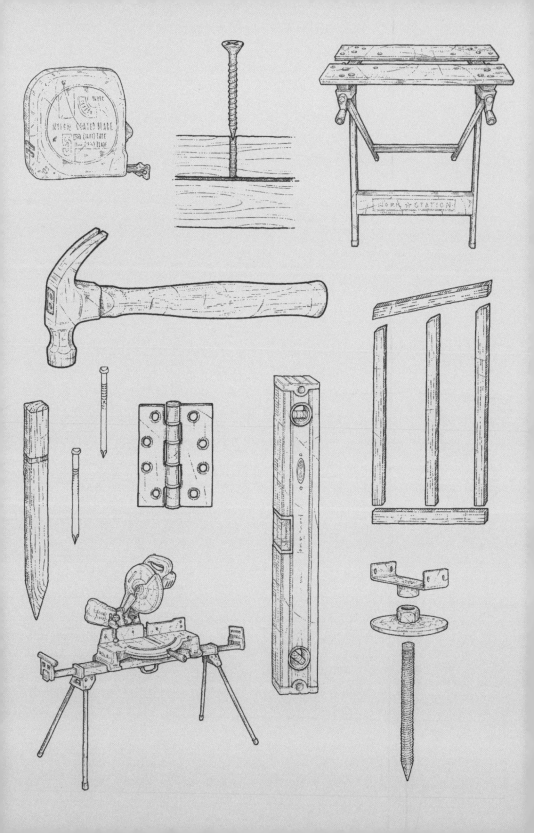

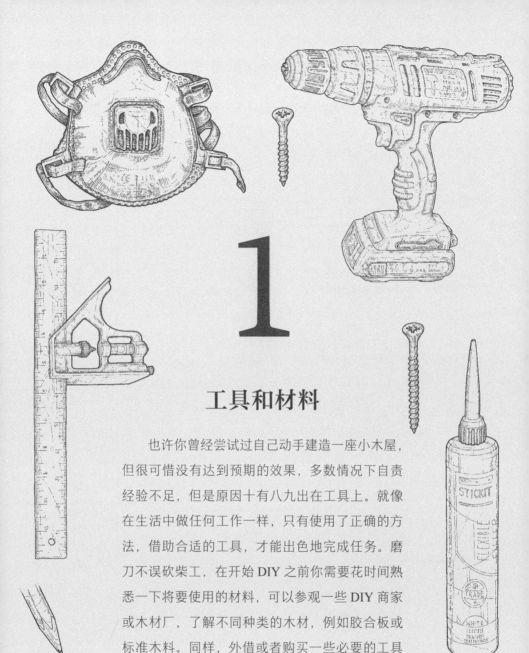

1

工具和材料

也许你曾经尝试过自己动手建造一座小木屋，但很可惜没有达到预期的效果，多数情况下自责经验不足，但是原因十有八九出在工具上。就像在生活中做任何工作一样，只有使用了正确的方法，借助合适的工具，才能出色地完成任务。磨刀不误砍柴工，在开始 DIY 之前你需要花时间熟悉一下将要使用的材料，可以参观一些 DIY 商家或木材厂，了解不同种类的木材，例如胶合板或标准木料。同样，外借或者购买一些必要的工具将助你的 DIY 事半功倍。

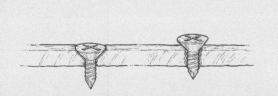

1.1　基本工具和材料

其实所需使用的工具并不多，以下这些基本工具就能助你
出色完成作品了。这包括一些手工工具，两件电动工具，
还有少许附件和小零件。

卷尺（5 米）

用于测量木料长度和标记所
需尺寸。

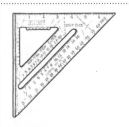

直角尺

小型量角器，具有三角板、
直角尺、丁字尺等功能。

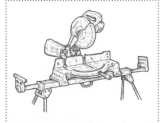

**带支架的斜切锯（240 伏、
210 毫米的锯片）**

电锯，可切割出整齐的角和
直边，支架用于固定电锯并
将其调整在安全舒适的高度。

便携工作台（可折叠）

可用于夹紧及切割任意长度
的木板。对于不需要钳夹的
长木板，也可放在工作台上
切割。

无绳组合钻（18 伏）

用于木板钻孔，并把木板拧
在一起的重要工具。可以非
常方便地更换螺丝头，并将
其直接固定拧紧。

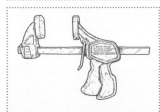

木工单手棒夹（60 厘米）

当需要把东西拿下来或夹在
一起时，使用此工具非常方
便。可以一手握住材料，另
一只手拧紧卡箍。

手锯（50 厘米）

如果没有斜切锯，可用手锯来切割板材、绝缘材料等，手柄也可以折成直角尺使用。

水平仪（60 厘米）

可用来测量板材与地板之间是否水平或垂直。当气泡出现在管子两条线的正中间时，说明木料的放置角度是正确的。

羊角锤（450 克）

使用比较广泛的全角度锤，可用来敲击大多数尺寸的钉子，使之与木框架齐平。锤子的爪可用来拔出损坏的钉子。

胶枪和胶筒

可把黏合剂、硅胶或填缝料均匀、细密地粘贴、密封或填充在需要的地方。

一对支架

便携式支架，可放置将做标记和切割的板材，也可在上面放木板搭建一个临时的工作台。

折叠尺

大而轻的折尺，可折叠成90°角和45°角，可用在所有建造项目中，尤其是框架结构的建造项目。

墨线

可在平面上标记出长而直的线。

3 种尺寸的米字槽螺丝钉（50 毫米、70 毫米和 100 毫米）

一种十字头螺丝钉，其槽口与螺丝钉头上的主十字槽呈45°角，使钻头能够更紧密地抓紧螺丝钉并增大扭矩，有助于拧入螺丝钉。

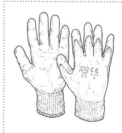

安全手套

可以保护手指不受碎片损伤，同时提高握力。

护目镜

在绝大多数的建造项目中都能用到的非常重要和基本的护眼工具。

防尘口罩

当处在有害的空气中时，比如空气中弥漫有害的灰尘或木屑时，防尘口罩可以使你呼吸到清洁的空气。

护耳器
（在使用斜切锯时使用）

可以降低机械噪声的伤害。

踏步梯

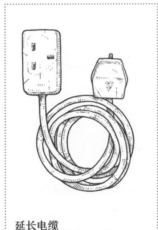

延长电缆

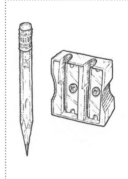

2H 铅笔和削笔刀

其他工具和材料

除以上这些基本工具外，还需准备以下工具和材料：

螺丝钉	钉子	硅胶漆刷
黏合剂	工刀	密封剂
外装填缝剂	冲钉器	木料防腐剂
内装填缝剂	射钉枪	扳手
木槌	凿子	楔形袋

1.2 木料和板材

这个小木屋工程中，你将在房屋框架、地板和屋顶中使用
以下尺寸的木料和板材。当你购买这些材料时，关键的是
它们的实际尺寸。

名义尺寸（英制）	名义尺寸（公制）	实际尺寸（公制，近似值）	用途
2 英寸 × 3 英寸标准木料	5 厘米 × 7.5 厘米（标准）	4.5 厘米 × 7 厘米	墙架、墙板
2 英寸 × 4 英寸标准木料	5 厘米 × 10 厘米（标准）	4.5 厘米 × 9.5 厘米	地板框架、屋顶框架、支撑梁
1 英寸 × 6 英寸标准木料	2.5 厘米 × 10 厘米（标准）	2 厘米 × 9.5 厘米	封檐板
4 英尺 × 8 英尺绝缘板	122 厘米 × 244 厘米	122 厘米 × 244 厘米	75 毫米厚用于地板、保温层
4 英尺 × 8 英尺胶合板	122 厘米 × 244 厘米	122 厘米 × 244 厘米	18 毫米厚用于地板，12 毫米厚用于屋顶，9 毫米厚用于挑檐

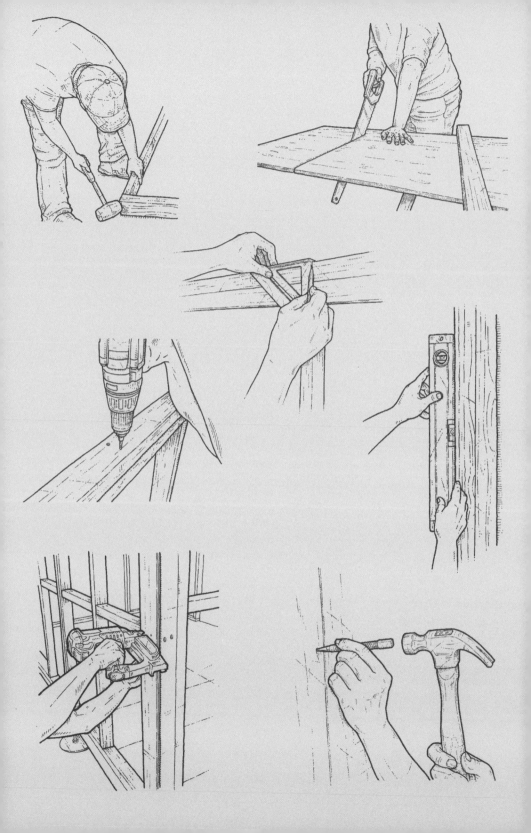

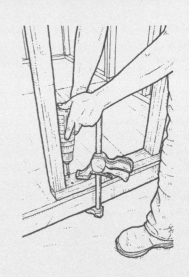

2

建筑技巧

　　当你建造小木屋时，会多次重复运用同一建造技能，例如准确地钻孔或制作一个简单的木架。有些人很幸运，已经掌握了这些技能，但对于大多数人来说，需要从基础知识学起，逐渐掌握核心技术。熟能生巧，可以废木料和边角料练习。一旦你掌握了诀窍，这些手工技能将帮助你完成很多 DIY 工作。

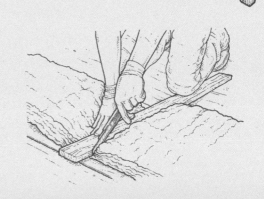

2.1 测量和标记

有道是，"量两次，切一次"。对于木制品来说，一旦锯开就不能再复原了，所以在测量和标记木料时一定要检查再检查你的结果是否准确。

小木屋建造不像是制作精美的家具那样需要极其仔细和精准，但尽可能准确地测量也是很重要的。要选择质量好的卷尺，选择那些木工认可的知名品牌，便宜的测量工具往往读数不准确。

用直尺测量

一般用 2H 铅笔进行标记，如果铅笔削得很尖，很难在大多数木料表面留下一条既细又可见的线，而粗的铅笔标记又不够精确。应该以正确的角度握笔，使铅笔笔尖接触到尺子的边缘。如果你把它竖起来用，铅笔痕迹会被向外推出几毫米。

用卷尺测量

卷尺的末端有一个钩子，可以前后移动。如果你观察卷尺的起始处，会发现直到 1.5 毫米的地方才开始有刻度。这是因为钩子的厚度也是 1.5 毫米。在测量内部长度时要将钩子一直推进，测量外部时则需要将挂钩拔出，这样就把与材料接触的距离考虑进去了。进行标记时，请向前倾斜卷尺，使其接触木料，并使用削尖的 2H 铅笔标记。

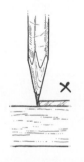

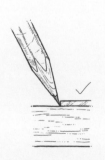

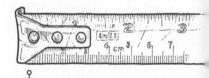

金属钩是可移动的，这样可以准确地测量内外测量值

2.2 水平仪的使用

水平仪很重要，使用它有两个原因。一方面，你不会想要一座地板倾斜或墙壁倾斜的小木屋。另一方面，更重要的是，它使施工过程更加简单。

　　小木屋基本上是许多用螺丝固定在一起的矩形框架。如果你不能使其保持水平和垂直，那就意味着在固定时你需要将一些形状奇怪、不方正的框架连接在一起，而不是连接一些简单的直角边框架。

　　你需要使用水平仪。大多数水平仪都有两小段透明的玻璃管，里面有小气泡。一段玻璃管用来测量物体的水平程度，这是一段平行于水平仪的玻璃管，通常在中间。另一段玻璃管用来测量物体的垂直程度。这段玻璃管垂直于水平仪，通常位于一端或两端。

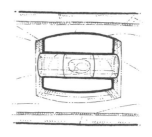

调水平

　　将水平仪放置在所测量木料的中心。如果木料是水平的，气泡将位于玻璃管上标记的两条线中间。如果小气泡向左移动，则表示左侧过高或右侧过低。小气泡必须正好在中间，如果只是在两条线之间则还不够精确。

调垂直

　　要检查材料是否垂直，把水平仪放在物体上，然后观察与水平仪成直角的玻璃管。小气泡需要位于两条线正中。

2.3 手锯的使用

就像吉他手首次弹奏和弦或艺术家用刷子来练习那样，学习基本的木工技能，比如练习使用手锯，将给你打下坚实的基础，在此基础上积累建筑的经验和知识。

当电动工具出故障时，最好有备用工具。虽然用手锯完成整座木屋的建造可能太累，但在切割板材和绝缘板时这种经典的木工工具还是会派上用场的。

第一步

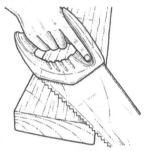

"手枪"握柄：用三个手指和一个拇指握住手锯。食指指向锯片并向锯片方向伸展，以帮助稳定锯子。

第二步

稳住木头，还有你自己：把膝盖靠在木头上或者牢牢地夹住它。拿着木头，四根手指弯曲把在木头边缘上。为确保安全，拇指要蜷在手掌中。

第三步

准备开始，把锯子以45°的角度放在木头上，锯片靠在拇指指关节上保持稳定。做几次小的拉动就会出现一个小的刻槽。

第四步

控制切割，从小幅度拉动开始，直到切割木料到有手指深的地方。接下来，使用整根锯片的长度去切割，直到你完成为止。结尾时小幅拉动完成切割。

> **基本常识**
>
> 手锯会在你推的时候切断木料，而不是你拉的时候（尽管有些人两者都做）。锯片会造成一条比锯片厚度宽一点的凹槽——为了弥补这个不足，你需要先在切割线的每一侧都稍微锯一下。

2.4 斜切锯的使用

如果你想加快建造速度，那需要买一把电锯。

斜切锯切割非常准确，并且切割面更加整齐，还可以以一定的角度切割，这一点手锯很难完成。有些斜切锯在你把它们拉下来的时候切割木料，有些锯在你把它们拉下来并向前滑动的时候切割木料——不管是哪种方式，它们都会使建造工作变得简单快速。此外，你需要准备一个斜切锯架：不仅可以安全地固定住锯子，也可放置较长的木料。

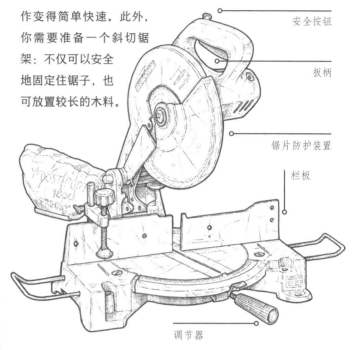

安全按钮

扳柄

锯片防护装置

栏板

调节器

锯子

斜切锯有一片圆盘形的锯片。锯片的直径决定了可切割木料的最大宽度。在小木屋的建造工程中，直径210毫米的锯片就足够用了，从地板龙骨到墙体框架再到外墙都可以切割。

使用说明

每种牌子的锯都不相同，因此使用前必须仔细阅读操作说明并熟悉关键部件的操作，如扳柄、栏板、锯片、防护装置和调节器。

对准并夹紧

使用调节器将锯片设置到需要切割的角度。小木屋建造主要使用直切口——将调节器调为0°或90°，但你还需要知道10°标记在哪里（用于切割侧壁木料）。固定木料，木料紧紧地靠在栏板上。锯片向栏板方向轻轻下拉。

切割

同时按下扳柄和安全按钮。当锯片全速旋转时，把它轻轻按向木料，切割完成后回位。等到锯刃完全停止后再去拿你切割好的木料。

警告！

- 佩戴护目镜、防尘口罩和护耳器。

- 不要戴手套，不要穿宽松的衣服或佩戴悬挂的饰物。

- 所有安全防护装置必须就位，并正常发挥作用。

- 手和手指必须远离高速旋转的锯片至少15厘米。

- 不要切小片的东西（任何小于15厘米的东西），高速旋转的锯片会在惯性的作用下"抓住"这些小片并抛向空中。

2.5 导向孔和埋头孔

当你用螺丝钉把两块木头固定在一起时，预先钻一个导向孔是很重要的。钻导向孔可以防止木料开裂，并导入螺丝钉，将两块木料固定。

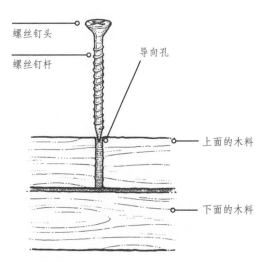

第一步

用削尖的 2H 铅笔标记导向孔的位置——标记一个圆点或小十字。

第二步

选择与螺丝钉杆（而不是螺丝钉头）粗细相同的钻头。建造小木屋，你需要一根 5 毫米粗的钻头，因为所用的螺丝都是 5 毫米粗的。

第三步

要将两块木料固定在一起，需要完全钻透上面的木料。将螺丝钉钉入上面的木料，然后按入下面的木料，将两块木料固定在一起。

第四步

在钻导向孔时，要特别注意把握钻头钻入的角度。例如，如果要以 45° 的角度拧入某个东西，则需要以 45° 的角度钻导向孔。

第五步

当钻头还在旋转时，将其从导向孔中取出，以防卡在木料里。

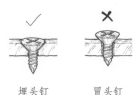

埋头钉　　　冒头钉

埋头钉

当螺丝钉完全拧紧时，你也许不想让螺丝钉头凸出来。凸出的螺丝钉头不仅妨碍在上面钉另一块木头，而且也很难看，在装饰的时候也比较麻烦。

有两种方法可以解决这个问题：第一，购买自埋头螺丝钉，当拧它们的时候，自埋头螺丝钉就会凿出自己的埋头孔。（这里我们用的就是这种螺丝钉。）第二，在钻完导向孔后，使用埋头钻头钻一颗螺丝钉头大小的孔。

虽然埋头钻头能钻出一个很整洁的钻孔，但在本建造工程中，框架和板材上的螺丝钉头都将被隐藏起来，因此选择自埋头螺丝钉会更加方便，你不用每5分钟去换一次钻头。

2.6 锤子的使用

在这个项目中，如果你没有射钉枪，可以用锤子将支柱和横撑敲击到位（参见"支柱和横撑"）和固定外墙。这样做不会出太多问题，但如果你知道怎么握和怎么敲会更安全一些，也更容易上手。

控制力度还是大力敲击

怎样握锤取决于用锤子做什么。例如，如果要用来钉钉子，则需要握住把手靠近锤头的地方，控制住锤头，然后手腕用力敲击。如果你需要大力敲击，那么要握在把手底部的位置，肘部发力。

开始钉钉子

用拇指和食指稳住钉子。时刻注意锤头要敲在钉子上，这样你不会伤到手指。把钉子缓缓地敲进木头里，直到钉子钉得足够深，能立稳。

把钉子钉进去

手放开钉子，握锤子的手顺着锤柄下移，这样你就可以把钉子钉进去了。锤面应击在钉头上。敲击的时候，看着钉头，而不是锤子，这将有助于你准确击中目标。

拔出钉子

如果在钉钉子的时候钉子被敲弯了，先停下来。试着用锤子的钳子将钉子在原位扶直，如果还是无法挽回，就用钳子拔出钉子，钉一颗新的钉子。

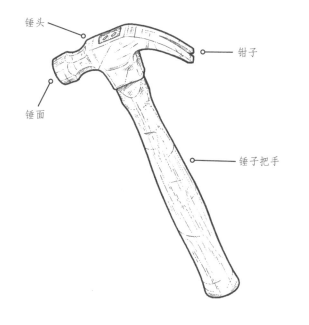

锤头

钳子

锤面

锤子把手

冲钉器

如果是手工钉外墙，为了使墙面更整洁，你可能会把钉头埋在木料里面。当你用锤子把钉子钉到尽可能深的地方时，可以用冲钉器把钉头敲进木料中。

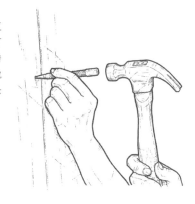

2.7　制作框架并调平

这项工程大多是将简单的木框架组合在一起，然后在上面钉上板材或将框架固定在一起。这些框架是你建造的基础——可以在场外建造，然后在现场组装，或者按你的想法制作。它们必须尽可能精确、方正，这样才能将它们组合在一起，形成墙壁、地板和天花板。

你构建框架时，可以把它想象成有两根梁——上下或前后——然后由两根或更多的横档将它们固定在一起。这种框架结构在制作墙体、地板或天花板时会用到。墙壁横梁被称为"板墙筋"，而地板横梁被称为"龙骨"，天花板横梁被称为"屋椽"。

别担心，在本书的建造章节，我们会告诉你如何标记、钻孔和用螺丝钉固定。但这里需要特别提出的是，把框架做得方正是非常重要的。

当所有四个角都正好是 90°时，框架是方正的。把框架做得方正很重要。所有板材，比如胶合板或中密度纤维板，从木材厂出厂时都是方形的，即它们都有四个 90° 角。将一块板材固定到一个同样是方形的框架上意味着它们刚好严丝合缝地贴合在一起，没有凸出的板材边，也不会露出框架。小木屋建造是可事先计划好的——你知道木料 A 将和 B 整齐地钉在一起。

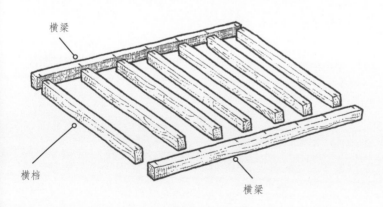

横梁

横档

横梁

14

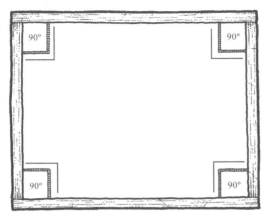

另外，将不方正的框架固定在一起也是很折磨人的。（试着想象一下，做一个盒子，而所有的边都是菱形或梯形的。）往好了说，能造出一座小木屋，但歪歪斜斜；往坏了说，可能屋体框架根本搭建不起来，更不用说之后安装门框和外围墙体了。

不断检查结构是否方正

你可以用两种方法检查结构是否方正。第一种方法是使用一些你知道的绝对是方形的东西作为参照物。板材就是一个很好的模型（前提是没有被裁剪过），你也可以用折叠尺（参见"基本工具和材料"）。第二种方法也很简单，运用一些简单的数学原理。如果一个四边形是方形的，我们知道对角之间的距离总是相同的。长度 A 始终与长度 B 相同。用卷尺从一个角量到另一个角，就可以快速检查你的框架是否为方形框架。如果距离不同，就不是方形。

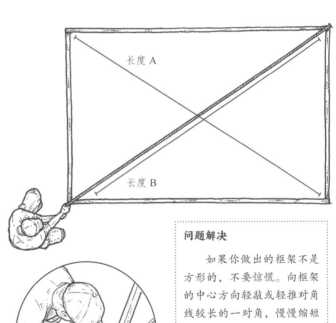

长度 A

长度 B

基本常识

我们所说的做一个方形的框架，并不是指它的整体形状。我们的意思是所有角的角度都应该是相同的。

问题解决

如果你做出的框架不是方形的，不要惊慌。向框架的中心方向轻敲或轻推对角线较长的一对角，慢慢缩短两条对角线长度的差距。一旦两条对角线长度相同，框架就是方形了。

如果你尝试这样修正但仍然不见效，那就需要再检查一下木料是否测量准确。因为梯形永远也不能修正成方形。

2.8 切割板材

大多数板材，如胶合板和固体绝缘材料，都是 122 厘米 ×
244 厘米的大板材。这座小木屋尽量使用整张板材，但在
某些地方还是需要根据尺寸裁剪。那么，怎样才能裁剪得
整齐、笔直呢？

材料

• 木板 / 刚性绝缘板

工具

• 卷尺
• 削尖的 2H 铅笔
• 长直尺
• 手锯（竖锯或圆锯）
• 一对支架

你需要一对支架（参见"基本
工具和材料"），把木板或刚性绝
缘板放在上面。

第一步

用卷尺和 2H 铅笔在板材
上标出裁切线的上中下位
置——不要只做两个标
记。找一个有长直边的东
西做尺子（一根直的长木
头、一个长水平仪或者另
一块板材的边缘），把铅
笔记号连起来。

第二步

小心不要锯到支架的腿，用手锯（如果你有竖锯或圆锯的话）在裁切线废料一侧切割。用你另一只手扶稳板材。

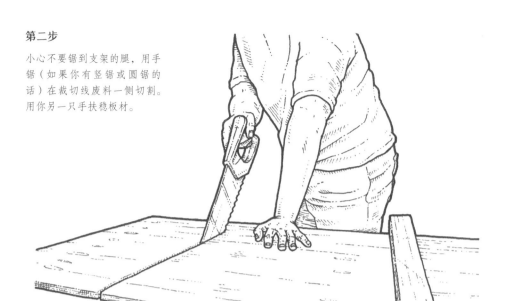

第三步

快切断的时候，用另一只手接住快要掉下来的废料一侧的木头。如果木材太重，一只手接不住，需要找人帮忙或者用便携式工作台支撑。

2.9 固定板材

你把一块板材固定到一个木框架上时，无论是将胶合板钉到地板龙骨上，还是把中密度纤维板钉到墙体框架上，主要的任务和技术基本相同。

第一个任务是将板材与框架的外缘对齐，固定在框架上。第二个任务有点难度，是把它固定在下面你看不见的龙骨上。

新板材的边缘非常整齐，有利于将框架放到正确的位置。这是一个典型的框架结构（这实际上是小木屋底座，由三整块122厘米×244厘米的胶合板覆盖）。

边缘

外边缘是容易钻的部分。我们知道下面框架有一定的宽度，目前是5厘米宽，所以我们将螺丝钉放置在离木板边缘2.5厘米的地方将会是保险的。

我们还知道，两块木板需严丝合缝地衔接并钉在一根5厘米宽的龙骨上。因为两块木板必须共用这根龙骨，所以我们可以在距木板边缘1.3厘米的地方下钉。

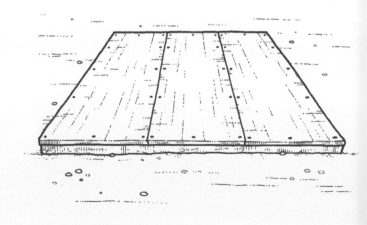

隐藏的木料

要找到板材下面垂直固定的木料，需要用到墨线。你可以根据框架外侧钉在龙骨上的钉子的位置，确定龙骨位置（假设龙骨是直线固定的，且不相互交错。参见"支柱和横骨"）。

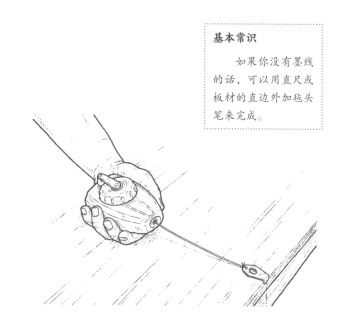

第一步

将墨线钩在螺丝钉上方胶合板上，并横贯胶合板拉到龙骨另一端的螺丝钉上。

第二步

把墨线紧紧地贴在胶合板上，然后砰的一声拨弹墨线，使它在胶合板上留下一条清晰的墨线。重复此过程，直到标记出所有龙骨的位置。

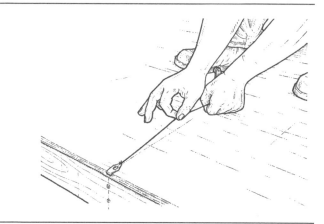

第三步

现在你可以把胶合板钉在下面的龙骨（以及支柱和横骨，如果有的话）上了。

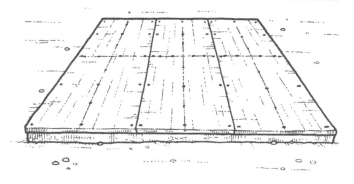

2.10 夹紧和支撑

有时在小木屋建造过程中似乎没有足够的人手，这时夹具和支架就派上用场了。它们也可以用来确保你建造的东西是方正的。

单手棒夹

当你做其他事情的时候，夹钳不仅可以当作另外一只手，而且还可以更牢固地抓住东西，比人手抓得紧，这样你就可以把要固定在一起的木料和其他材料紧紧拉到一起。你当然不用买太多的夹钳，但在小木屋建造过程中至少需要两个。

这个项目中最有用的夹具是单手棒夹。通过挤压扳柄缓慢地拧紧，你可以一只手握住木料，另一只手拧紧棒夹，也可以用一只手快速地松开棒夹。

有些模具可以切换头部的位置，这样你就可以把两块木头推在一起或"展开"——这个工具在修复支柱和横梁的工作中会非常方便，否则干起来会比较麻烦（参见"支柱和横梁"）。

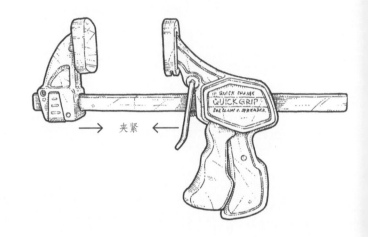

夹紧

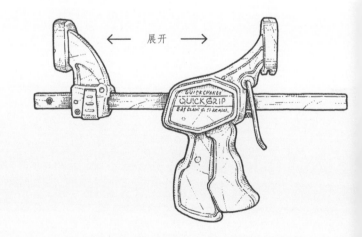

展开

临时支撑

你可能不需要在任何时候都使用支架，但有两种情况它们会派上用场。第一种是，如果你已经搭好了屋架的一部分，需要停下来休息一天。此时框架很容易被风吹得倾斜，这时一个临时的支架（可以用一段长的废木料做成），可以帮助框架安全地直立在地面，直到你继续后面的工作。

另一种情况是当一个框架被做倾斜了的时候。如果框架是方正的，它应该是能够完全直立的。但是如果做得不够方正，倾斜的框架会是菱形的。

为了重新修正框架的形状，你可以手动将其拉回到合适的位置，然后用一个临时支架来固定它，如图所示。

正确的方形框架

不正确的菱形框架

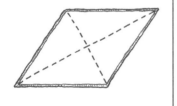

在将支架拧到位之前，务必用折叠尺检查角度是否为90°

保持后墙框架方正的临时支架

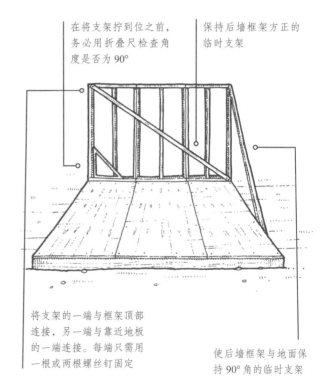

将支架的一端与框架顶部连接，另一端与靠近地板的一端连接。每端只需用一根或两根螺丝钉固定

使后墙框架与地面保持90°角的临时支架

2.11 支柱和横撑

在小木屋建设中，支柱和横撑起着重要作用。这些短木有助于加固你的木框架，并为之后在框架墙上钉板材或钉其他材料提供了固定点。

长木料容易弯曲。所以，如果你要做一个木框架，那么最好用支柱和横撑来加固框架结构。在这个项目中，支柱和横撑用来固定地板、墙壁和天花板框架，所以知道如何将它们牢固地固定在适当的位置是非常重要的。

位置：呈直线摆放

安装支柱和横撑的位置取决于它们的用途。如果要将标准尺寸的板材固定到框架上，则应沿直线放置支柱和横撑，并将其放置在板材边缘交接的位置。地面和墙壁都是将支柱或横撑直线固定的。

这里有一个问题，这样的结构在安装支柱和横撑时有点不太方便。因为它的一端可以从垂直于支柱和横撑的外侧木条直接打孔钉入，但另一端在打孔钉入时就有一个角度，因为之前的支柱和横撑是这样的结构，如图。

> **问题解决**
>
> 标准木料可能在厚度上有几毫米的差异，所以如果发现你的支柱和横撑不合适，不要惊慌。根据已有的空间宽度裁切支柱和横撑到合适的长度。

位置：错开排列

对于天花板的框架，如果你打算用板材覆盖，可以沿直线安放支柱和横撑。或者，如果你想把支柱和横撑直接暴露在外，也可以将它们错开排列，或者用榫槽接合板材把它们包起来。错列式支柱和横撑更容易固定，因为两端都可以通过垂直的木料固定。

正确做法

在这个项目中，我们已经为你测量好了支柱和横撑的长度，但在未来的建造中，我们建议你从靠近垂直支柱和横撑的端部位置测量，而不是从中间测量。因为长木料中间可能会出现弓线或曲线。在末端测量结果会准确，因为末端的端点已经被固定在了两个水平的木料上。

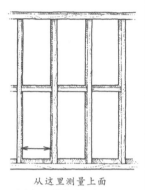

从这里测量上面
的支柱和横撑的长度

将支柱和横撑放到木料框架中

有时，由于木料弯曲的缘故，支柱和横撑很容易插到木料中间；有时，由于木料中间的间隔稍小，需要将支柱和横撑慢慢磨进去。通常，你可以用锤子轻轻地敲击出一个弯度将支柱和横撑放进去，但如果木料真的弯曲很大，你需要用单手棒夹将木料推开，这样就可以把支柱和横撑放进去了。（参见"夹紧和支撑"）

2.12　安全工作

DIY 的工作很容易伤到自己，尤其是使用电动工具和锋利刀刃的时候。不仅对你，对任何帮助建造的人，安全工作都是非常重要的，以下是一些建造的基本常识。

护目镜、安全手套和一个好的防尘口罩

在打磨时或在周围有很多木屑时需要戴上防尘口罩。在搬运和抬举板材或木料时需要戴上安全手套。在锤击、锯切、铺设矿棉绝缘材料、涂油漆或切割木料时，务必佩戴护目镜。

请朋友帮忙

建造小木屋的材料会很重——长木料非常重，而板材甚至要更重——因此不要逞强独自搬运这些材料。

不要穿人字拖鞋

除了穿结实的靴子、牛仔裤和紧身上衣之外，不要穿其他类型的衣服做木工活。宽松的衣服、松软的袖子、悬垂的饰物、长头发和飘逸的织物都会造成悲剧，尤其是靠近旋转的钻头或斜切锯的时候。

购买质量好的工具并将其妥善保存

修补过的工具、旧的设备、钝的锯子、松动的手柄——使用这些劣质工具更容易伤到自己。使用锋利的刀片和刀头，可以花费较少的力气就能切割得更加整齐，而且安全，从长远看效果更好。如果你的工具必须用力推或者使劲靠才能工作的话，那么要么把它打磨好再用，要么直接丢垃圾箱好了。

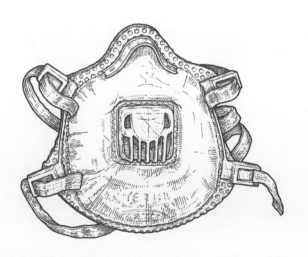

使用维护妥善、安全的梯子

选择具有安全保护功能的梯子，并在使用时锁定梯子。在坚实而平整的地面上使用，切勿过重负载。使用时务必遵循使用说明。

更换钻头或锯片前，务必拔下电动工具的插头

在这个项目中，这一条主要针对电钻和斜切锯。一个好建议是使用一根只有一个插座的延长电缆，这样你一次只能使用一个带电的工具。为了获得双重安全保险，还可以使用漏电保护插头（剩余电流保护插头）。

让孩子们远离施工现场

孩子们总是喜欢帮忙，而且对你做的事情总是很好奇，但在施工阶段一定要让他们离开。现场有很多很沉的木料、锋利的工具、电动锯片，还有许多其他潜在的危险。

了解你的极限

调整施工的进度，不要急于赶工，也不要在劳累的状态下继续工作，这样会增加发生事故的概率。重复阅读几次施工步骤，让自己对施工的每个阶段和计划更加熟悉。如果在施工中遇到了问题，向专业人士寻求帮助。

不要在风天和雨天施工

刮大风时很难处理大块的板材和较长的木料。同样，雨水会使木料表面变得光滑，而且在雨天使用任何电动工具都会非常危险。

安全有序地工作

良好的施工操作会使结果更加令人满意。安全有序的施工也会更快、更容易，也更令人愉快。

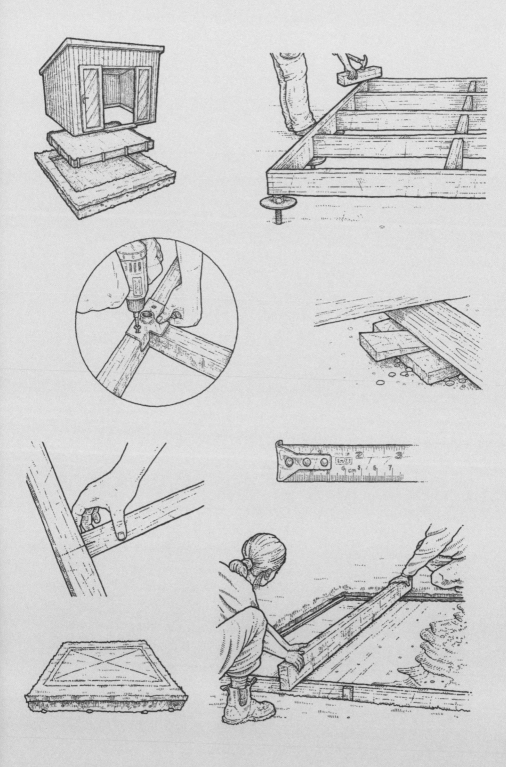

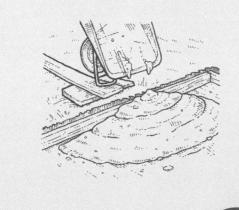

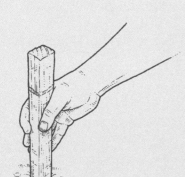

3

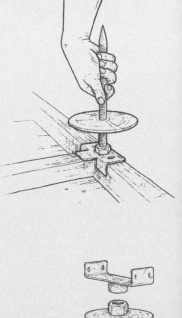

地　基

　　与所有的建筑一样，无论多小的建筑，坚实的地基都是最重要的。打地基需要做好两件事：一是为建筑物提供一个平稳坚固的建造平台，使所有的木质构件都能直立地建造；二是要防潮，以免地板木料腐烂。

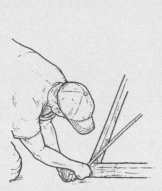

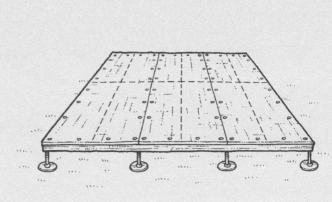

3.1 基础地面：建造小木屋地基

平稳坚固的地基对于小木屋来说非常重要，有很多方法可以达到平稳坚固的效果。关键是要有一个解决方案，能兼顾你的建造技能水平、预算和实际的地面情况。

　　建造地基有很多种方法，有些方法比其他的更昂贵一些。一般来说，建造初期的支出越多，小木屋的使用寿命就会越长，但所选的方法也要适合建造地点的实际情况。以下几页介绍了三种方法，每种方法都有各自的优缺点。

枕木

这种方法比较廉价、快速，用经过压力处理的木料和混凝土板将木屋抬高，稍微高于地面。

优点： 使用简单，低成本的中等水平技术方案。

缺点： 需要建在平稳坚固的表面上；木料最终会腐烂，大多数用于直接接触地面的木材最多有 15 年的寿命。

 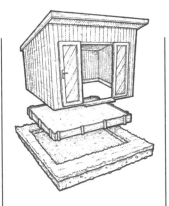

可调节桩或可调节支脚

类似于橱柜的可调节支脚，用来调整地板高度。你可以找到可调节的金属桩或支脚，将小木屋底部抬高，并可同时调节高度（这里我们使用此方法）。

优点： 易于安装，经久耐用，能调节高度范围大约 15 厘米。可用于软土或坚硬表面。由于建筑物下面可以通风，因此不会受潮。

缺点： 在小木屋的高度上增加了几厘米，因此要考虑当地规划在高度上的限制。你可以先向地下挖一点来解决这个问题。

混凝土地基

这个方法万无一失，可以应对多种不测多变的地面条件，可以说是最好的选择。例如，容易积水的地面，或者对于金属桩来说过于柔软的地面都可应用此法。

优点： 可以阻止任何东西在小木屋下面生长；可以支撑重物，例如陶窑、大型机械、印刷机和热水浴缸等物品。

缺点： 铺设混凝土地基比较费时，而且相对昂贵，并且需要比较高的技术水平，这对于第一次自己建造小木屋的人来说有一些困难。

总之，如果你打算在小木屋的保温、玻璃装饰和其他成套装饰上安排一些预算，或者你要用小木屋摆放重型设备，那么最好使用金属桩或混凝土地基，这样小木屋的使用寿命会比较长；如果你只想建造一座简单的小木屋，不介意地基的使用年限短，那么用枕木也很不错。

基本常识

如果你没有时间、技术和信心来自己搭建地基的话，可以外包给建筑商，他们可以很容易地帮你完成。拿到三个报价单，选定你想要的材料和价格，一天之内就可以完成。

3.2 枕 木

建造小木屋地基最简单、最省钱的方法就是将枕木铺在小的混凝土板上。

枕木是经过压力处理的木料，可以把小木屋从地面上抬高，保持底部干燥。

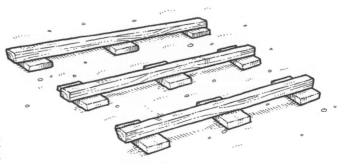

因为使用枕木在调节地面高度上没有太大空间，因此你需要一个相当平稳坚实的地面。而且重要的是，因为这些枕木没有与地面固定，所以一旦把水平调平，就不要再敲打或者移动枕木，否则你需要重新调整它们。

将这些地基与地板框架的建造结合在一起，使其与地板框架保持水平。

材料

- 3 根枕木——366 厘米 ×10 厘米×10 厘米抗压处理的木料
- 9 块混凝土板——大约 30 厘米×30 厘米
- 抗压处理的木楔、塑料矫直支撑楔或屋顶板岩

工具

- 水平仪

第一步

枕木将在中间位置纵向向下放置，支撑地板龙骨。将 3 根枕木平行放置，一根放在中间，另两根与中间的枕木相隔 1 米水平放置。将混凝土板塞到枕木的下面，两端各放一块，中间放一块。

第二步

制作完地板框架后，确定好最终位置，将框架放在枕木上面。使用水平仪，检查是否水平——从横向一侧检查到另一侧，再纵向检查。

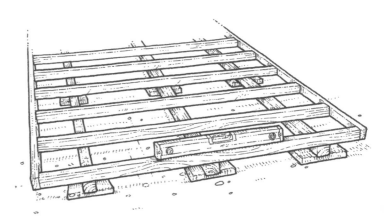

第三步

如果没有达到水平，你需要做一些轻微调整使地板框架保持水平。可以在枕木和混凝土板之间插入经过抗压处理的木楔、塑料矫直支撑楔或屋顶板岩，所有这些都要有一定的抗压强度。

3.3　可调节桩或可调节支脚

桩或长钉直接打入地下，小木屋底部可以坐在桩上或长钉上。这是本书小木屋采用的方法，由于小木屋建在软土上，地面会有轻微隆起。在几种不同的建造方法中，我们使用了 QuickJackPro 模式，它由支架、支承板和螺旋桩组成。

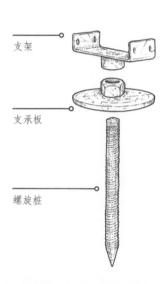

支架

支承板

螺旋桩

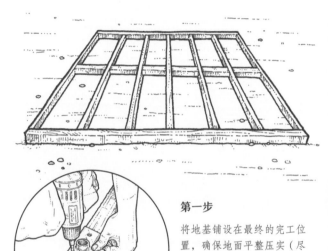

第一步

将地基铺设在最终的完工位置，确保地面平整压实（尽管必要时最多可调整 15 厘米）。将支架固定到小木屋地板框架上。

材料

- 支架
- 支承板
- 螺旋桩
- 废木料

工具

- 木槌
- 电钻和 20 毫米长的钻头
- 水平仪
- 扳手

第二步

将支承板拧到螺旋桩上，并将螺旋桩连接到支架上。

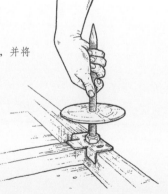

第三步

将支承板向下拧至框架，紧挨支架的位置。

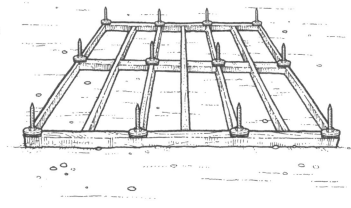

第四步

在另一个人的帮助下（框架很重），翻转框架。

在敲击时使用锤子和一块废木料来保护框架，围绕框架一圈，把桩打入地下到所需的深度（我们把桩钉入一半，以留出足够的离地间隙）。如果地面很硬，可以用 20 毫米钻头预先钻孔。

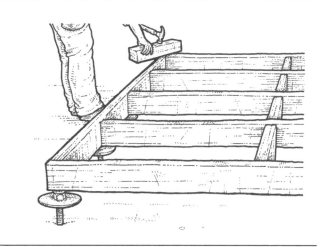

第五步

确保用水平仪进行水平检查，可以用扳手向上或向下旋转支承板，以完成框架的水平调节——用水平仪检查并再次前后左右检查是否调平。

基本常识

　　如果地面较硬且不平坦，还有其他建造方法，可以用金属支脚代替调节桩。

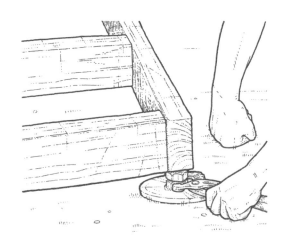

3.4 混凝土地基

如果你想为小木屋建造一个永固的地基，或者计划用小木屋放置一些非常重的东西，比如陶窑或热水浴缸，混凝土地基是比较理想的选择。

整体地基将有 15 厘米深，与地面齐平，无须其他步骤。地基底部比小木屋周围稍大一些，所以在地基上建造小木屋时，留一点回旋的空间。这个底座包含一层防潮膜，可以防止地面的水分弄湿木料。

第一步

用绳子和木栓（木桩或帐篷栓就可以）标出小木屋的位置，四周再加 10 厘米，所以完工面积为 386 厘米×265 厘米。通过比较对角线的测量值，检查所标范围是否为方形（参见"制作框架并调平"）。

第二步

将整个标记的区域向下挖 15 厘米深。要挖的土比较多，所以考虑找个朋友帮忙或租一个小型挖掘机。计划一下挖出的土要放在哪里。

第三步

用水平仪检查新挖出来的小坑底部是否大致是水平的。

第四步

取 9 根木桩（2.5 厘米×2.5 厘米×30 厘米）。从木桩顶部（不是从尖端）向下 7.5 厘米的位置，用记号笔在所有桩上清楚地做上记号。

第五步

从小坑的一个角开始，将一根木桩敲入地下，直到离地 7.5 厘米的深度。按下图所示的位置将其他木桩一一钉入。为了检查木桩是否与下一根邻近的木桩保持水平，你需要确保用一根 2 米长的木料和水平仪能一次够到两根木桩。

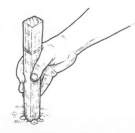

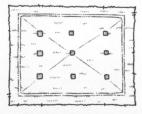

第六步

用准备好的碎石将小坑填满到木桩顶部的位置。用打夯机手工把碎石向下压，或者租一个电动压缩板来完成。

第七步

在碎石上覆盖一层薄薄的沙子，刚好能覆盖碎石即可，这是为了防止塑料薄膜被锋利的石头边缘刺破。

第八步

用一根10厘米×5厘米的粗锯木料将一个简单的木框架拧在一起。框架内侧尺寸为376厘米×254厘米。将框架放置在碎石和沙子的顶部，整齐地贴靠小坑的侧面。

第九步

为了在浇筑混凝土时确保框架的安全，在框架外部四周钉入木桩，大约每80厘米一根。采用2厘米×2厘米×30厘米的木桩，将其中20厘米的长度打入土中。必须用水平仪检查框架顶部是否保持水平。如果木桩高出框架，将高出部分锯掉，否则后面就会不平。同时再次通过测量对角线的方法检查框架是否为方形。

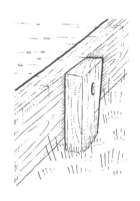

第十步

在沙层顶部到木架内侧大约一半高的地方铺一层防潮膜（约390厘米×270厘米）。

第十一步

从远处的一角开始，从后往前用湿混凝土填充框架，到略高于框架顶部的位置。你可能不得不用一辆独轮车运送混凝土，然后把混凝土倒进去。像这种大小的木屋，如果可以的话，可以使用预拌混凝土：准备很快，含水量正好，并且稠度合适。

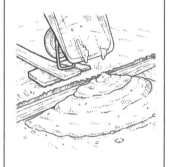

第十二步

当框架装满混凝土时，两人需要用一根118英寸（约3米）的木板夯实混凝土，确保混凝土没有气泡并与框架顶部齐平。夯实就是在框架上用木板拍打混凝土，并扫除多余的部分。

第十三步

一旦混凝土差不多干燥了（大约12小时后），用塑料板或湿麻袋覆盖混凝土。这样可以防止混凝土干得过快而变脆。大约一个星期后，就可以在混凝土上开展建造工作了。

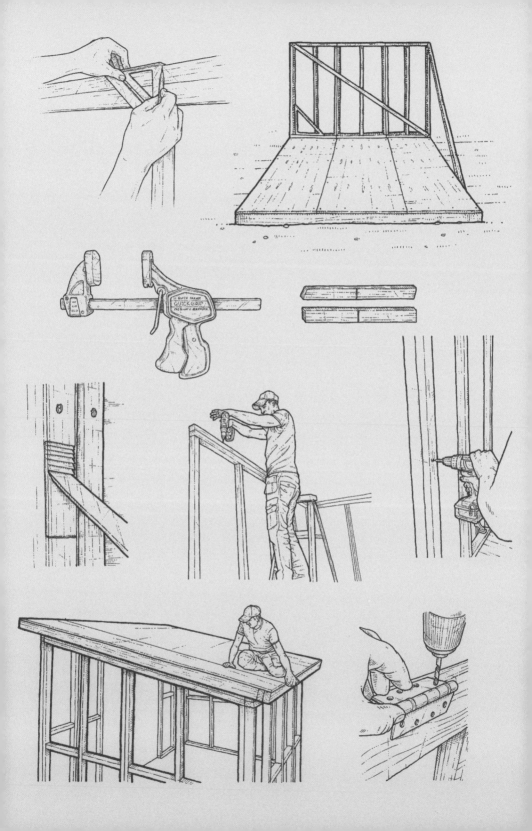

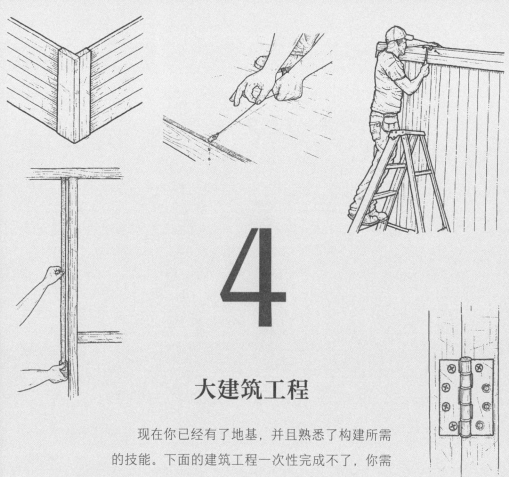

4

大建筑工程

现在你已经有了地基，并且熟悉了构建所需的技能。下面的建筑工程一次性完成不了，你需要将其分解为几步在几天之内完成，一次执行几步，并在开工前检查是否配备齐了列表中所需的材料和工具。如果你在工程中遇到问题，检查蓝色的提示框，或者快速浏览一下"建筑技巧"部分，提醒自己按照正确的方法施工。

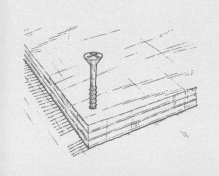

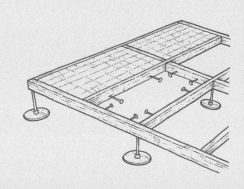

4.1 制作地板框架

大工程的第一个任务就是制作地板。因为只是一个简单的
矩形框架，所以很好开始，但记住在测量、切割和对齐的
时候一定要准确，因为地板建设是其他建设部分的基础。

材料

• 2 根横梁——366 厘米
  ×5 厘米×10 厘米抗压
  处理过的标准木料
• 7 根龙骨——235 厘米
  ×5 厘米×10 厘米抗压
  处理过的标准木料
• 28 颗螺丝钉——5 毫
  米×100 毫米自埋头米字
  槽螺丝钉

工具

• 卷尺
• 直角尺
• 削尖的 2H 铅笔
• 电钻
• 5 毫米的钻头
• PZ2 型号米字槽螺丝刀

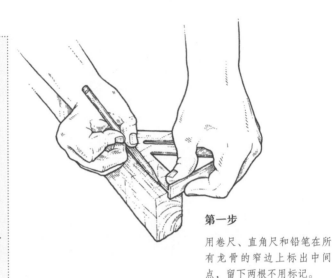

第一步

用卷尺、直角尺和铅笔在所
有龙骨的窄边上标出中间
点，留下两根不用标记。

第二步

每隔 61 厘米等距在横梁的
两面同时标记。

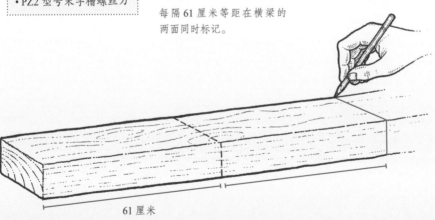

61 厘米

第三步

把横梁和龙骨摆成木屋地板的大概形状。把木料的窄边朝上放置，这样使铅笔记号朝上。

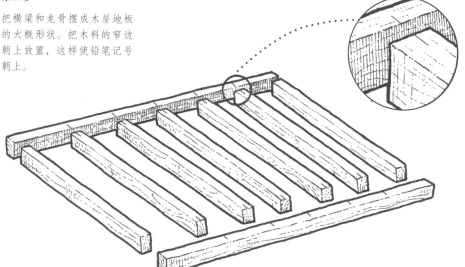

第四步

将龙骨上的铅笔标记与横梁上的标记对齐，如步骤三所示。顶端两根没有标记的龙骨应与横梁的两端对齐。打孔并用两根螺丝钉固定住龙骨和横梁，螺丝钉间隔4厘米。

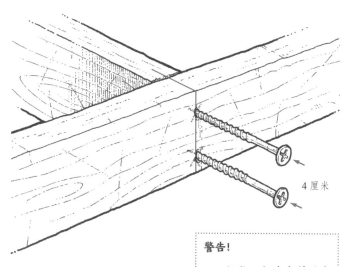

4厘米

正确做法

记住，在整个过程中每根螺丝钉都要使用埋头孔（参见"导向孔和埋头孔"）。

警告！

记住，标准木料的实际尺寸要比其标注的尺寸小。因此，5厘米×10厘米的木料实际上约为4.5厘米×9.5厘米（参见"木料和板材"）。这个规则适用于整个构建工程。

4.2 地板龙骨

当你把基本的地板框架组装好以后，你还需要一些东西去
加固它，并提供一个地板可以附着的地方，这个时候就需
要添加一排龙骨了。

材料

- 2 根短木——54 厘米
  × 5 厘米 × 10 厘米抗压
  处理过的标准木料
- 4 根长木——56.5 厘米
  × 5 厘米 × 10 厘米抗压
  处理过的标准木料
- 24 颗螺丝钉——5 毫
  米 × 100 毫米自埋头米
  字槽螺丝钉

工具

- 卷尺
- 直角尺
- 削尖的 2H 铅笔
- 电钻
- 5 毫米的钻头
- PZ2 型号米字槽螺丝刀
- 锤子（有时你需要用锤
  子把龙骨敲击到位）

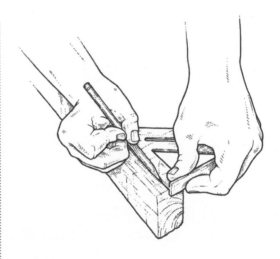

第一步

用卷尺、直角尺和铅笔在
6 根木头的窄边上标出中
间点。

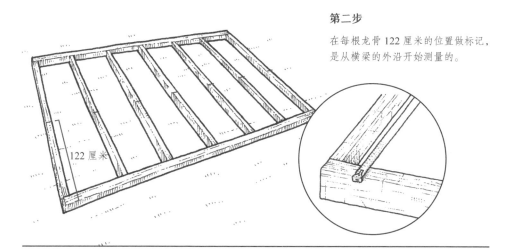

第二步

在每根龙骨122厘米的位置做标记，是从横梁的外沿开始测量的。

122 厘米

第三步

拿一根短木头，将木头上的标记与前两根龙骨上的标记对齐。打孔并用两根螺丝钉固定木架的两端，两根螺丝钉间距4厘米。

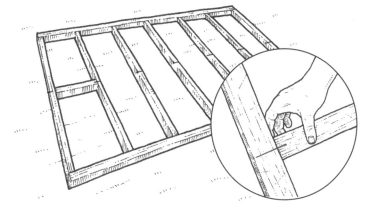

第四步

现在把剩下的木头固定好。记住，每一根木头都有一端需要以一个角度来钉入螺丝钉（参见"支柱和横梁"）。接下来钉四根稍长一点的木头，最后钉最远端的短木头。打孔并用两根螺丝钉固定木头的两端，两根螺丝钉间距4厘米。

基本常识

地板框架完工以后，你应该把它放在之前已经建好的地基上（混凝土地基或枕木地基），或放在可调桩上。请参阅"基础地面：建造小木屋地基"，了解如何选择和创建理想的地基。

4.3 地板保温

制作地板框架的保温层，需要使用 7.5 厘米厚的硬质泡沫保温板，它可以在冬天保持小木屋舒适温暖。

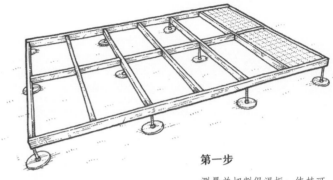

泡沫保温板最终黏合的位置是在地板下表面，并永久地与地板固定在一起。但是，在黏合剂变干之前，你需要让保温板与框架之间紧紧贴合（称为**摩擦黏合**）。

第一步

测量并切割保温板，使其可与每个间隙紧密贴合，并与框架顶面齐平（参见"切割板材"）。

材料

- 4 张 7.5 厘米厚的硬质保温板——54 厘米×116 厘米
- 8 张 7.5 厘米厚的硬质保温板——56.5 厘米×116 厘米
- * 你需要从大张保温板上裁剪所需的尺寸，因此最好找到有效的方法减少浪费。

工具

- 卷尺
- 手锯
- 1 根直的长木头（或 1 把长水平仪，或直尺）
- 2 个支架

第二步

为了使保温板与框架紧密贴合，你可以用手掌轻轻地将保温板按压到位。

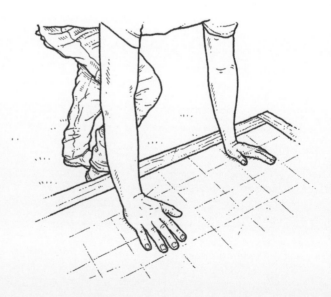

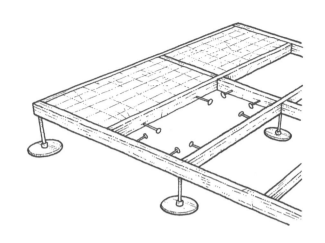

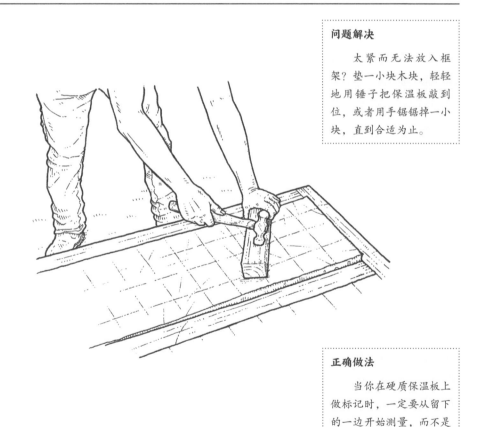

4.4 固定地板

现在搭建地板了，把三大块胶合板固定在保温框架上。

胶合板很重，为了不损坏框架或保温板，需要两个人一起将其搬动到位。第一张胶合板用来检查框架是否是方形的。

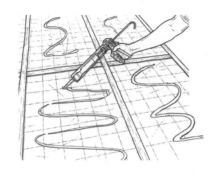

第一步

将黏合胶挤在保温板前三分之一的表面上和第一张胶合板的下面。不要吝啬，要使用一整管胶。

材料

- 3 大张 18 毫米厚的胶合板——122 厘米×244 厘米（注意，也可以使用欧松板或类似板材）
- 3 管快速黏合胶
- 约 100 颗螺丝钉——5 毫米×70 毫米的自埋头米字槽螺丝钉

工具

- 胶枪
- 2 个单手棒夹
- 卷尺
- 电钻
- 5 毫米的钻头
- PZ2 型号米字槽螺丝刀
- 安全手套（接触胶合板时使用）
- 墨线或卷尺和笔

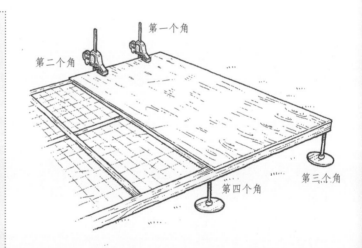

第一个角
第二个角
第三个角
第四个角

第二步

抬起第一块胶合板。将胶合板后部的一边和角与框架的后边和角对齐。棒夹夹紧。在拐角处打孔，并用一颗螺丝钉固定，距边缘 2.5 厘米。然后，打孔并固定第二个角。在打孔和固定第三个和第四个角之前，检查胶合板是否与龙骨边缘齐平；如果没有，则轻轻推动框架直到其成方形，并在固定前夹紧。

第三步

接下来将剩下三分之二的保温板涂上黏合胶，然后提起另外两块胶合板与其黏合并将边角用螺丝钉固定。确保胶合板紧挨在一起，并覆盖整个地板。

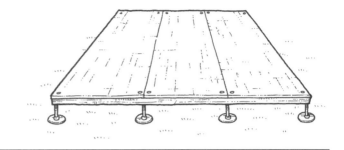

第四步

在整个地板框架的四周打孔并拧上螺丝钉，螺丝钉距离框架边缘 2.5 厘米。大约每隔 30 厘米打一颗螺丝钉。

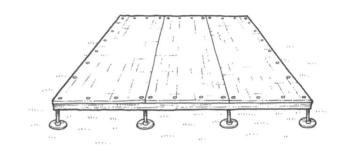

第五步

将每一块胶合板其他的边缘都打上孔并拧上螺丝钉，螺丝钉距胶合板边缘 1 厘米。大约每隔 30 厘米打一颗螺丝钉。

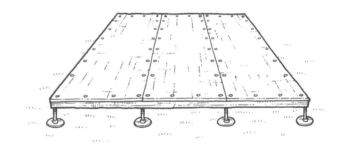

第六步

使用墨线（关于如何操作，请参见"固定板材"第二步）或卷尺和笔，根据螺丝钉的位置找到横撑和中间龙骨的位置，并在胶合板上标记出来。沿标记大约每隔 30 厘米打孔并拧一颗螺丝钉。

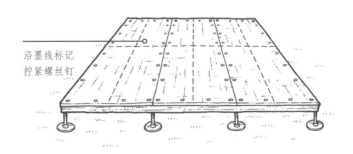

沿墨线标记
拧紧螺丝钉

4.5 后墙框架

地板差不多完成了，现在开始造墙，从后墙开始。后墙由三个框架组成，先各个做好，再钉在一起，这样建造比做一个巨大的框架要容易得多。

横撑在这里叫作"板墙筋"，我们现在改用5厘米×7.5厘米的框架木料。

材料

- 6根横梁——122厘米×5厘米×7.5厘米标准木料
- 9根墙筋——160.5厘米×5厘米×7.5厘米标准木料
- 大约60颗螺丝钉——5毫米×100毫米的自埋头米字槽螺丝钉
- 12颗螺丝钉——5毫米×70毫米的自埋头米字槽螺丝钉

工具

- 卷尺
- 直角尺
- 削尖的2H铅笔
- 电钻
- 5毫米钻头
- PZ2型号米字槽螺丝刀
- 2个单手棒夹

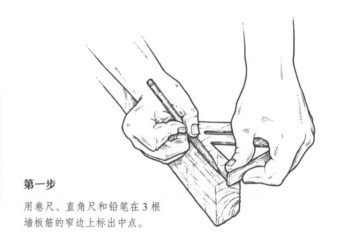

第一步

用卷尺、直角尺和铅笔在3根墙板筋的窄边上标出中点。

第二步

在所有6根横梁的正中间做标记——应该是从一端开始61厘米的位置。在木料的两面都做上标记。

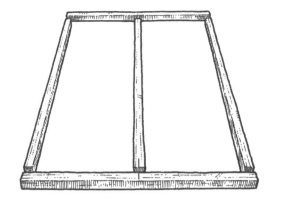

第三步

拿 2 根横梁和 3 根墙筋（一个带记号的墙筋），把它们按照图中的形状摆放，有标记的墙筋应该放在中间。把木料的窄边朝上放置，这样使铅笔记号朝上。

第四步

对齐墙筋和横梁上的记号。另外两根墙筋应与横梁的两个末端对齐。每根墙筋都用两颗 5 毫米 ×100 毫米的螺丝钉固定，两颗螺丝钉距离 3 厘米。

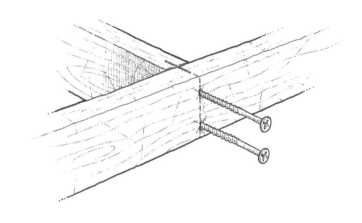

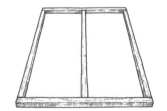 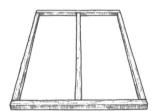 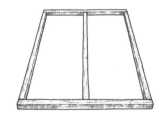

第五步

重复第一到第四步，直到完成三个相同的框架。

第六步

抬起一个框架并将其放在地板右后角的位置。确保框架的边缘与胶合板的边缘对齐,用两个棒夹牢牢夹紧框架与地板。

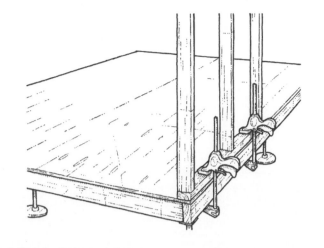

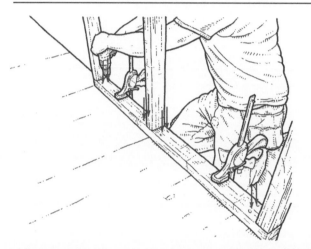

第七步

在框架四个内角的位置,打孔并各用两颗5毫米×100毫米的螺丝钉将横梁与地板胶合板固定,两颗螺丝钉距离3厘米。(共需8颗螺丝钉)

第八步

将下一个框架抬起,同时与第一个框架和地板夹紧,要确保框架与框架的边缘对齐,框架与胶合板地板边缘对齐。同样,在框架四个内角的位置,打孔并各用两颗5毫米×100毫米的螺丝钉将横梁与地板胶合板固定,两颗螺丝钉距离3厘米(共需8颗螺丝钉)。

第九步

打孔并用 5 毫米×70 毫米的螺丝钉将两个框架固定在一起。两颗螺丝钉的位置距离框架底部内角约 10 厘米。两颗螺丝钉之间间隔 3 厘米。

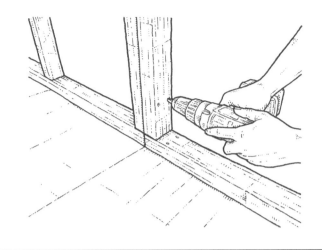

第十步

重复此步骤,在距离框架顶部内角约 10 厘米的位置钉上螺丝钉,然后再往下在中部位置钉上螺丝钉。

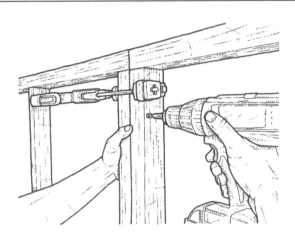

第十一步

最后一个框架重复步骤八至十,确保框架对齐,同时框架与胶合板地板边缘对齐。

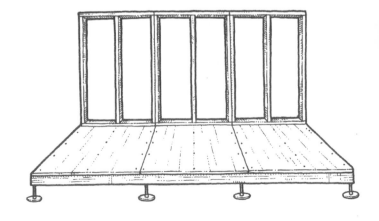

4.6 安装承梁板（后墙）

为了加固后墙，需要在后墙框架的上沿固定一根木料，称为"承梁板"，也用来固定屋顶。

第一步

将承梁板木料与后墙顶部框架夹紧，确保承梁板与框架平齐。承梁板应与三个框架的上部边沿贴合。

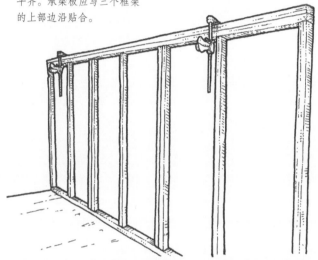

材料

- 1 根承梁板木料——366 厘米 × 5 厘米 × 7.5 厘米标准木料
- 12 颗螺丝钉——5 毫米×70 毫米的自埋头米字槽螺丝钉

工具

- 电钻
- 5 毫米钻头
- 米字槽螺丝刀
- 2 个单手棒夹

第二步

从上往下，在两根墙筋中间等距的位置打孔并拧上两颗螺丝钉，两颗螺丝钉之间距离 3 厘米，总共需要 12 颗螺丝钉。

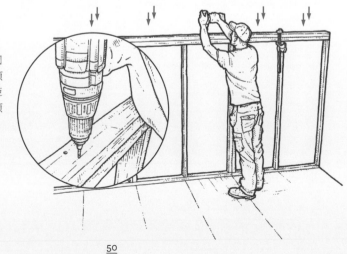

4.7 侧墙框架：第一部分

现在后墙已经竖起来了，你可以开始建造带有斜度的侧墙了。为了便于搬运，我们用四个较小的框架制作侧墙，然后将它们就地固定在一起。

以一个角度切割木料

这些 5 厘米×7.5 厘米的木料需要切出一定的角度，或者一端需要角度，或者两端都需要。要做到这一点，请沿着未切割的木材正确测量长度，并用铅笔在宽面上标记，将标记露在顶部（这里我们要切出一个长墙筋）。

例如：182 厘米

使用斜切锯操作

把未切割的木料放在斜切锯上，铅笔记号靠在后面的栏板上。将斜切锯锯片设置为左侧 10°。

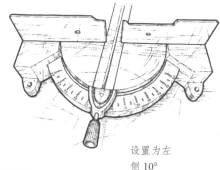

设置为左侧 10°

切出一个这样的切口：

例如：182 厘米

使用手锯操作

这个方法有点麻烦，但如果你能正确操作也是可行的。把量角器倒过来放在你最初用铅笔做记号的地方。用铅笔画出100°，并将两个标记连在一起。

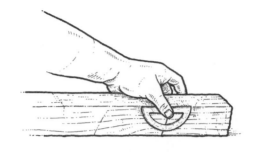

在木料两端同时切角

不要在木料的末端切一个小薄片下来，这样切得并不准，而且在斜切锯上操作也很危险。最好在距离末端20厘米的地方做个标记，这样操作更加安全。

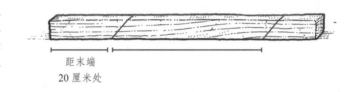

距末端
20厘米处

基本常识

　　墙筋的测量是从方形底开始量到斜切面的最远点。测量带有斜度的顶部横梁，从一个斜端到另一个斜端，如图所示。

一边斜度

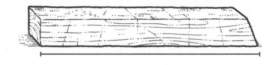

测量这里

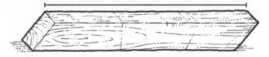

两边斜度

安装侧框架

每面墙都由两个侧框架构成，其中一个比另一个略高一些。我们先来做两个稍短一点的框架，一个安装在左边，另一个安装在右边。两个短框架都是与后墙连接的。

第一步

用卷尺、直角尺和铅笔在两根中墙筋的窄边上标记中点。

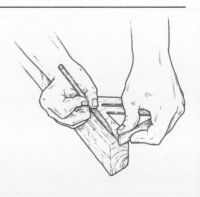

第二步

在两根底部横梁的正中间做标记。中间标记是 57.5 厘米的位置。在木料的两面都做上记号。

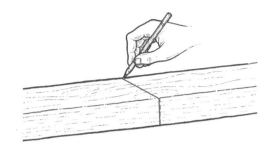

第三步

在带有斜度的横梁上标记中间点。这有点困难，因为它们是带斜度的。沿着一个面的上下两边标记中间位置，然后连接两个中点，铅笔线的角度应与末端斜面的角度相同。

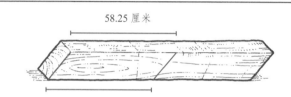

58.25 厘米

顶部斜面横梁

短墙筋

中墙筋

长墙筋

底部横梁

第四步

从所需的不同木料中各取一根，按此处所示的样子（即一根顶部斜面横梁、一根底部横梁、一根短墙筋、一根中墙筋和一根长墙筋）摆放。将中墙筋上的标记与顶部斜面横梁和底部横梁的标记对齐。

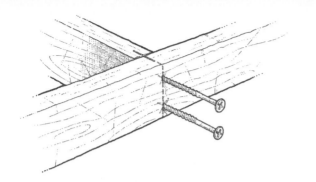

第五步

对齐横梁和中间龙骨上的记号。两端的龙骨应与框架的两端齐平。每根龙骨都用两根螺丝钉固定，两根螺丝钉间距 3 厘米。

第六步

重复步骤三至五，建造另一个侧框架。

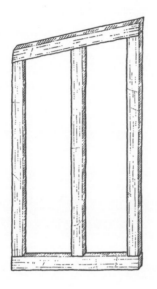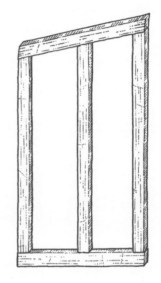

第七步

拿起其中一个框架，将其放在地板的右后角，与后墙对接。框架顶部朝着后墙向下倾斜。确保框架边缘与胶合板边缘对齐，将框架夹在地板和后墙框架上。

斜坡朝后墙方向向下倾斜

第八步

四个内角打孔并各用两颗螺丝钉将底部横梁与胶合板固定，钉在距框架四个内角5厘米的位置，两颗螺丝钉间距3厘米。(共需要8颗螺丝钉)

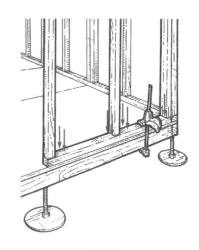

第九步

打孔并将侧框架与后墙框架固定。只需在框架底部、中部和顶部各固定一颗螺丝钉——距外边沿2厘米的位置(因为是钉入后墙框架木料的窄面上)。

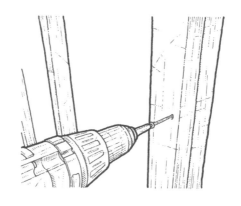

第十步

拿起另一个侧框架，将其放在地板的左后角，重复步骤七至九完成安装。

4.8 侧墙框架：第二部分

现在我们开始建造侧墙剩下的部分。重复第一部分的步骤，建造和固定更多的框架，只是这次这些框架要稍微高一些。

材料

- 2根带有斜度的顶部横梁——116.5厘米 ×5厘米×7.5厘米的标准木料，两端各切一个10°角
- 2根底部横梁——115厘米×5厘米×7.5厘米的标准木料
- 2根短墙筋——183厘米×5厘米×7.5厘米的标准木料，一端以10°角切割，另一端呈方形
- 2根中墙筋——193厘米×5厘米×7.5厘米标准木料，一端以10°角切割，另一端呈方形
- 2根长墙筋——203厘米×5厘米×7.5厘米标准木料，一端以10°角切割，另一端呈方形
- 2根承梁板——233厘米×5厘米×7.5厘米标准木料，两端各以10°角切割
- 40颗螺丝钉——5毫米×100毫米的自埋头米字槽螺丝钉
- 28颗螺丝钉——5毫米×70毫米的自埋头米字槽螺丝钉

工具

- 卷尺
- 直角尺
- 削尖的2H铅笔
- 电钻
- 5毫米钻头
- PZ2型号米字槽螺丝刀
- 2个单手棒夹
- 梯子

第一步

用此处列出的材料，按照"侧墙框架：第一部分"中的步骤一至五，建造两个倾斜的框架。

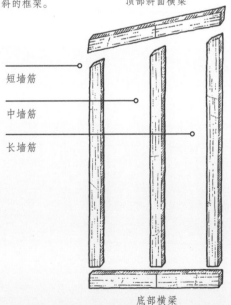

顶部斜面横梁

短墙筋

中墙筋

长墙筋

底部横梁

第二步

拿起其中一个框架，将其放在已固定好的侧墙框架上。记住，框架顶部朝后墙方向向下倾斜。确保对齐所有边，将框架与地板和侧墙框架固定。这个侧框架应距胶合板前沿7厘米处完成。（为前框架留出空间）

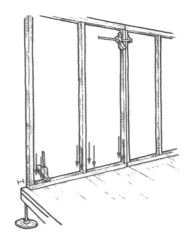

第三步

在框架四个内角打孔并各用两颗5毫米×100毫米的螺丝钉将框架底部横梁与地板固定，螺丝钉间距为3厘米。（共使用8颗螺丝钉）

第四步

打孔并将两个侧框架固定在一起。在框架顶部、底部和中部使用两颗5毫米×70毫米的螺丝钉固定，螺丝钉间距3厘米，确保两个侧框架对齐。（共使用6颗螺丝钉）

第五步

重复步骤二至四完成另一个侧框架，并安装到对面墙上。

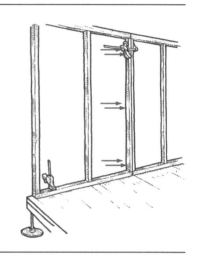

第六步

像处理后墙一样，两个侧墙框架的顶部也需要安装承梁板。你需要站在梯子上才能完成。承梁板以10°角切割，安装时与侧墙框架的前端对齐。从上向下，在每根龙骨中间等距的位置打孔并钉入两颗5毫米×70毫米的螺丝钉，螺丝钉间距3厘米。（每面侧墙需要8颗螺丝钉）

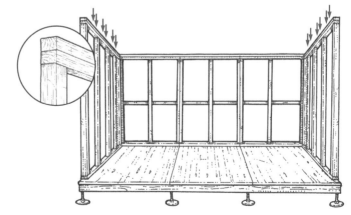

4.9　前墙框架

三面墙已经竖起来了。现在需要完成前面的墙与框架。需要制作两个相同的框架，每个门用一个。为了起到加固的作用，同时来固定屋顶，你需要在整个前墙框架上沿加一块承梁板。这会给你留下163厘米的门洞，对于一套标准的双开门和门框来说足够了。

材料

- 4根横梁——101.4厘米×5厘米×7.5厘米的标准木料
- 6根墙筋——202.5厘米×5厘米×7.5厘米的标准木料
- 1块承梁板——366厘米×5厘米×7.5厘米的标准木材
- 46颗螺丝钉——5毫米×100毫米的自埋头米字槽螺丝钉
- 8颗螺丝钉——5毫米×70毫米的自埋头米字槽螺丝钉

工具

- 卷尺
- 直角尺
- 削尖的2H铅笔
- 电钻
- 5毫米钻头
- PZ2型号米字槽螺丝刀
- 2个单手棒夹
- 梯子

第一步

用卷尺、直角尺和铅笔在两根墙筋的窄边上标出中点。

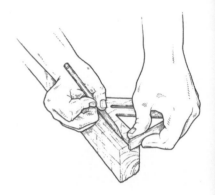

第二步

在所有4根横梁的中间位置做上标记——应该是从任一端开始测量50.75厘米的位置。在木材的两面都做上标记。

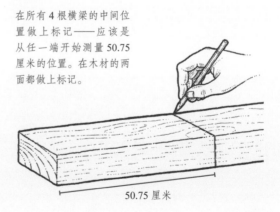

50.75厘米

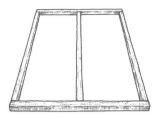 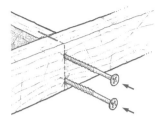 

第三步

拿两根横梁和3根墙筋（一根带记号的墙筋），把它们按照图中的形状摆放，有标记的墙筋应该在中间位置。把木料的窄边朝上放置，这样使铅笔记号朝上。

第四步

对齐龙骨和横梁上的记号。两端的龙骨应与横梁的两端齐平。每根龙骨都用两颗5毫米×100毫米的螺丝钉固定，两颗螺丝钉间距3厘米。

第五步

重复步骤一至四，直到完成两个同样的框架。

第六步

拿起一个框架并将其放置在地板的右前角位置。确保框架边缘与胶合板边缘齐平，将框架夹在地板和侧壁框架上。打孔并将框架的四个内角各用两颗5毫米×100毫米的螺丝钉固定（共需要8颗螺丝钉），使横梁底部与胶合板固定。

第八步

重复步骤六和步骤七，把两个前墙框架都安装好。之后，你需要将承梁板与整个前墙框架夹紧。从上向下，在每根龙骨上等距打孔，各固定两颗5毫米×70毫米的螺丝钉，螺丝钉间距3厘米。（共需要8颗螺丝钉）

第七步

打孔并将前墙框架与侧壁框架固定。从侧壁木料着手相对容易，不必在更厚的木料上打孔了。在距离外沿2厘米、木材底部向上5厘米的位置，以及中间和顶端向下5厘米的位置各打一颗5毫米×100毫米的螺丝钉。（共需要3颗螺丝钉）

4.10 制作屋顶框架

是的，你已经猜到了，还是做框架。屋顶是由两个较小的框架构成的，因为一个大框架太重，很难抬到墙上。这里，我们将屋顶横梁称为"屋椽"。

材料

- 4 根横梁——189 厘米 ×5 厘米×10 厘米的标准木料
- 12 根 屋 椽——282 厘米 × 5 厘米×10 厘米 的标准木料
- 2 根支撑梁——378 厘米 × 5 厘米×10 厘米 标准木材
- 48 颗螺丝钉——5 毫米 ×100 毫米的自埋头米字槽螺丝钉
- 32 颗 螺 丝 钉——5 毫米×70 毫米的自埋头米字槽螺丝钉

工具

- 卷尺
- 直角尺
- 削尖的 2H 铅笔
- 电钻
- 5 毫米钻头
- PZ2 型号米字槽螺丝刀
- 2 个单手棒夹

这是你需要做的最后两个框架。我们用之前的 5 厘米×10 厘米的木料；屋顶要足够坚固，才能在气候恶劣的冬天承受相当大的雪量，还意味着你可以站在上面铺盖屋顶（参见"固定屋顶板"）。

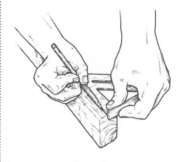

第一步

用卷尺、直角尺和铅笔在 8 根屋椽的窄边上标出中点。

第二步

在所有 4 根横梁上，从左侧开始标记如下位置：

29 厘米　　　40 厘米　　　40 厘米　　　40 厘米

第三步

拿 2 根横梁和 6 根椽子（4 根椽子带有记号），按如图位置摆放。带铅笔记号的椽子摆放在中间。把木料的窄边上放置，这样使铅笔记号朝上。

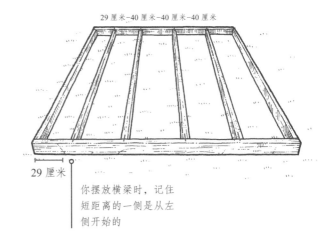

29 厘米 -40 厘米 -40 厘米 -40 厘米

29 厘米

你摆放横梁时，记住短距离的一侧是从左侧开始的

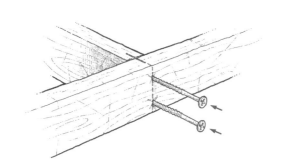

第四步

将椽子和横梁上的记号对齐。两端的椽子应与横梁的两端齐平。给每根椽子打孔并用两颗 5 毫米×100 毫米的螺丝钉固定，两颗螺丝钉间距 3 厘米。

第五步

重复步骤一至四，直到完成两个相同的框架。

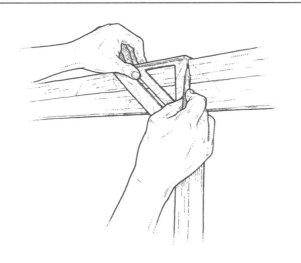

第六步

用卷尺、直角尺和铅笔在前后两块承梁板的中间位置做记号——从两端任意一端测量都应是 183 厘米的位置。这是两个屋顶框架将要拼接在一起的地方。

第七步

你需要另一个人来协助完成。将一个框架抬升到屋顶上，与前后墙两块承梁板上的标记对齐。注意，框架中的窄间隙会伸到小屋的边沿，屋顶框架将从整个墙面框架四周伸出。

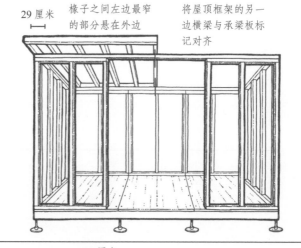

29 厘米

椽子之间左边最窄的部分悬在外边

将屋顶框架的另一边横梁与承梁板标记对齐

29 厘米

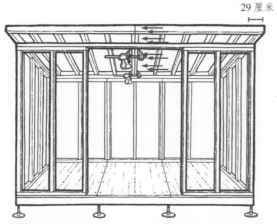

第八步

将另一个框架抬升到屋顶的另一侧。再次注意，框架中的窄间隙会延伸到小屋的外沿。两个框架应正好在前后承梁板上的标记位置连接。如果两个框架前后都已经对齐了，可以用两个棒夹把它们紧紧地固定住。

第九步

选 4 个位置——前端、后端和差不多中间均等的两个点——打孔并各用两颗 5 毫米×70 毫米的螺丝钉将两个屋顶框架固定在一起，两颗螺丝钉间距 4 厘米。（共需要 8 颗螺丝钉）

第十步

在整个屋顶框架的前面安装一根支撑横梁。找准支撑横梁的位置，用棒夹固定，使它与屋顶框架平齐。在支撑横梁上打孔，两颗5毫米×70毫米的螺丝钉为一组（两颗螺丝钉间距4厘米），每隔大约60厘米钉一组。（共需12颗螺丝钉）

第十一步

重复步骤十，在整个屋顶框架的后面同样安装一根支撑梁。

4.11　固定屋顶框架

要将屋顶框架固定到墙壁框架上，除了左右两边边缘的椽子，其他每根椽子的前后两端都各需要2颗螺丝钉固定。

材料

- 36 颗螺丝钉——5 毫米 ×100 毫米的自埋头米字槽螺丝钉

工具

- 卷尺
- 电钻
- 5 毫米钻头
- PZ2 型号米字槽螺丝刀
- 2 个单手棒夹
- 梯子

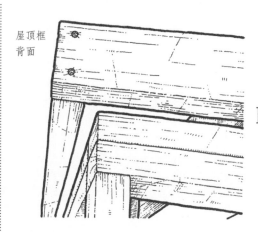

屋顶框背面

屋顶框架侧面

两侧悬出6厘米

第一步

将屋顶框架放置在墙壁框架上方正确的位置上。屋顶框架突出前墙 40 厘米，两侧各突出 6 厘米，背面突出 7.5 厘米。

屋顶框架突出前墙 40 厘米

第二步

站在小屋里看后墙。如果两个屋顶框架紧挨在一起，应有两根并列的椽子；从这里开始，打孔并用两颗5毫米×100毫米的螺丝钉以45°角将双椽固定到后承梁板上。沿着木料的另一端照此操作，就是双椽与前承梁板接触的位置。

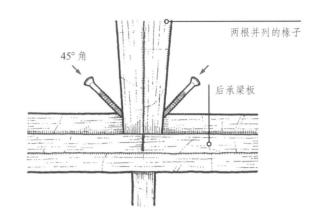

两根并列的椽子

45°角

后承梁板

第三步

屋顶框架其余的椽子，在每根椽子与前后承梁板接触的位置，都以45°角打孔钉入2颗螺丝钉。(注意：末端的椽子悬在墙框外面无法固定)

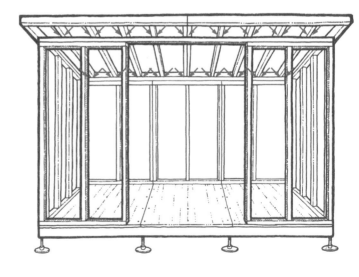

4.12　固定屋顶板四角

屋顶板分两个阶段固定。首先，我们把所有的屋顶板放在屋顶上，但是只固定它们的四个角；我们需要在下面的橡子之间放置一些横撑（先放上屋顶板有助于你将横撑固定在合适的位置，就是屋顶板之间连接的位置）。另外，此时不将屋顶板完全与橡子固定会更容易安装横撑，因为此时屋顶板材仍然具有一定的灵活性。

材料

- 4块12毫米的胶合板——122厘米×189厘米
- 2块12毫米的胶合板——56厘米×189厘米
- 24颗螺丝钉——5毫米×50毫米的自埋头米字槽螺丝钉

工具

- 电钻
- 5毫米钻头
- PZ2型号米字槽螺丝刀
- 2个单手棒夹
- 梯子
- 安全手套（接触胶合板时使用）

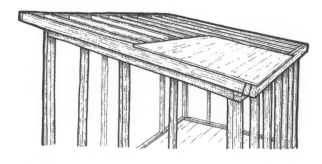

第一步

从屋顶右后角开始铺第一块大胶合板。胶合板正好是屋顶宽度的一半，所以应该刚好架在中间的双橡上。在触碰胶合板时最好戴上安全手套，避免毛刺刺伤双手。

警告！

你需要先在梯子上操作，然后在屋顶上操作，所以要非常小心。

66

第二步

将胶合板与屋顶框架夹紧，确保位置对齐。打孔并用4颗5毫米×50毫米的螺丝钉分别钉在4个拐角距边缘1厘米的位置。螺丝钉头最好是埋头处理，防止以后粘在屋顶上的薄膜被损坏。

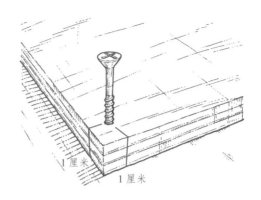

1厘米

1厘米

第三步

重复步骤一和步骤二，按照下面的顺序铺屋顶板，这样你可以跪在已经固定好的胶合板上固定下一块。

屋顶鸟瞰图　　　　　　　　　　前沿

5	6
3	4
1	2

后沿

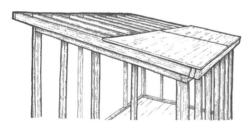

4.13　屋顶横撑

现在需要给两排屋顶框安装横撑了，横撑可以增加屋顶的
强度和刚度。为了便于建造，横撑可以交错排列。

木屋前部

图例：
- 短横撑
- 中长横撑
- 长横撑
- 屋顶胶合板连接线

材料

- 12 根长横撑——35.5 厘米 × 5 厘米×7.5 厘米的标准木料
- 4 根中长横撑——33.25 厘米 × 5 厘米×7.5 厘米的标准木料
- 4 根短横撑——22.25 厘米 × 5 厘米×7.5 厘米的标准木料
- 76 颗螺丝钉——5 毫米× 70 毫米的自埋头米字槽螺丝钉

工具

- 卷尺
- 电钻
- 5 毫米钻头
- PZ2 型号米字槽螺丝刀

横撑

屋顶胶合板连接线

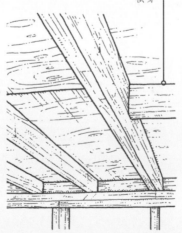

第一步

站在屋里向上看，你能看到胶合板的底面以及它们相互连接的缝。横撑就会在这条缝的两边交错排列。交错式的横撑排列比直线式排列更容易安装，因为你可以直接将横撑固定到两端的屋椽上。（参见"支柱和横撑"；如果你发现横撑不合适，而且我们提供的故障排除方法也不起作用的话，也请参阅前述这些页）横撑有三种不同的尺寸；上图显示了要将它们安装的位置。

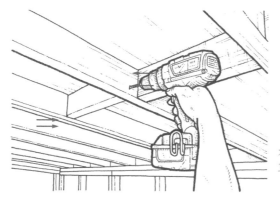

第二步

从长横骨开始。在每根横骨的两端各打两个孔，并用两颗 5 毫米×70 毫米的螺丝钉固定，两颗螺丝钉间距为 5 厘米。

大多数横骨都可以直接固定在椽子上

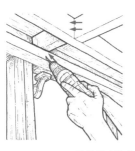

必须以 45° 角向上固定短横骨

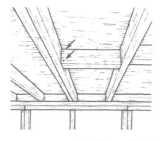

在双椽上，需要以 45° 角固定横骨

第三步

现在安装短横骨。打孔并用两颗 5 毫米×70 毫米的螺丝钉在一端固定，两颗螺丝钉间距为 5 厘米，另一端以 45° 角用一颗螺丝钉固定。

第四步

最后，在双椽旁边固定 4 根中长横骨。打孔并用两颗 5 毫米×70 毫米的螺丝钉在一端固定，螺丝钉间距为 5 厘米，另一端用两颗 5 毫米×70 毫米的螺丝钉以 45° 角固定。

第五步

一旦安好所有的横骨，屋顶下面就会像这样交错排列。

问题解决

如果屋椽之间比较紧，很难把横骨放进去，可以试着用锤子轻轻把横骨敲进去。如果还是不行，用单手棒夹充当一个"延展机"，将椽子轻轻地推开，放入横骨。（参见"夹紧和支撑"）

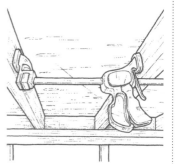

4.14 墙壁横撑

框架基本上都完成了。在你爬回屋顶钉好所有的屋顶板之前，最好先用一些横撑来加固墙壁。

材料

- 4 根前墙壁横撑——44 厘米 × 5 厘米 × 7.5 厘米的标准木料
- 6 根后墙壁横撑——54.25 厘米 × 5 厘米 × 7.5 厘米的标准木料
- 8 根侧墙壁横撑——50.75 厘米 × 5 厘米 × 7.5 厘米的标准木料
- 72 颗螺丝钉——5 毫米 × 70 毫米的自埋头米字槽螺丝钉

工具

- 卷尺
- 电钻
- 5 毫米钻头
- PZ2 型号米字槽螺丝刀

除了可以加固，在后期建造中，还可以在横撑上添加外部覆层。此外，如果你计划用木材、板材或石膏板来装饰你的小木屋，这些装饰可以固定在这些横撑上。

你可以随意选择位置安装墙壁横撑。这里我们把横撑安装在墙的中间，只是简单选择了外部覆层的垂直中心点。如果你已经知道了外部覆材的尺寸，你可以将这些横撑安装在外部覆材拼接的地方用来固定。或者，如果你想在墙壁上挂个架子或其他什么设备，需要多安装一些横撑来固定。

第一步

测量并标记你想要安装横撑的地方。对于这座小木屋，我们把它们固定在每面墙的中间，从框架内部直线测量。

第二步

打孔用两颗 5 毫米×70 毫米的螺丝钉固定，两颗螺丝钉间隔 3 厘米。记住：如果你想把横撑固定在一条直线上，横撑的一端可以从横梁直接固定，另一端需要用两颗螺丝钉以 45° 角固定。

横撑的另一端以 45° 角固定

横撑的一端用两颗螺丝钉直接从墙筋固定

第三步

安装好所有的横撑后，你的墙壁是这个样子。

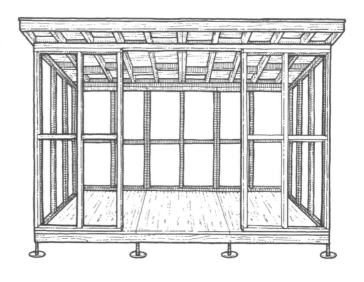

4.15 固定屋顶板

在安装好横撑后，就可以固定屋顶的胶合板了。不过，在此操作之前，你需要在支撑梁表面标记屋椽的位置，以便为你的粉笔线提供参照。

材料

• 120 颗螺丝钉——5 毫米 × 50 毫米的自埋头米字槽螺丝钉

工具

• 卷尺
• 直角尺
• 削尖的 2H 铅笔
• 墨线
• 电钻
• 5 毫米钻头
• PZ2 型号米字槽螺丝刀
• 梯子

第一步

用卷尺、直角尺和2H铅笔，标出 8 根椽子的中点，如图所示。并在前支撑梁表面做标记。

第二步

重复步骤一，标记屋顶后部椽子的中点，同时在后支撑梁上做标记。

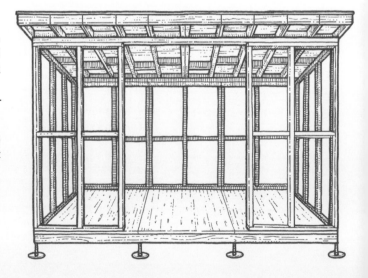

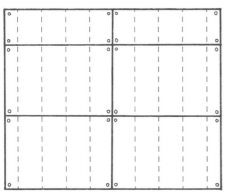

第三步

爬上屋顶。在胶合板表面用墨线标出 8 根椽子的位置。墨线痕迹如图所示。

第四步

在墨线上每隔 30 厘米打孔并用 5 毫米×50 毫米螺丝钉固定。每根墨线上大约需要钉 10 颗螺丝钉。

第五步

在每块胶合板的四周，每隔 30 厘米，用 5 毫米×50 毫米的螺丝钉固定。螺丝钉钉在距离边沿不超过 1 厘米的位置，以确保固定在下面的椽子上。

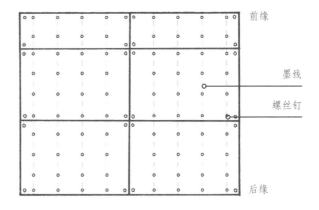

前缘

墨线

螺丝钉

后缘

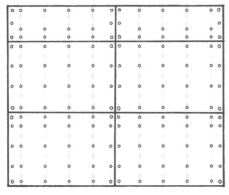

4.16　门的选择

现在框架和屋顶结构已经完成了，我们可以开始关注门的建造了。从现在开始，你可以个性化地建造一座真正属于你的小屋了。

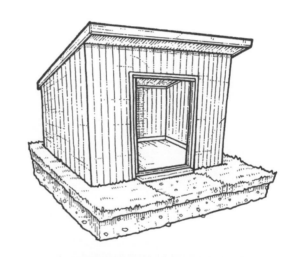

说到门，有多种样式。为简单起见，我们这里设计不带窗户的小木屋（但如果你喜欢也可以添加一扇窗户，参见"安装成品窗"）。所有的自然光都来自前面的双开门。然而，如何设计这道双开门由你决定。

双层玻璃法式门

本书中的小木屋，留有一个足够大的门洞，可以做很多事情。第一种选择是安装一道标准尺寸的152.5厘米×198厘米双层玻璃法式门，这道门将为你提供充足的光线，并保持屋内温暖，非常适合当工作室或是四季皆宜的休养花园（我们将在下面的页面中演示如何安装这些门）。

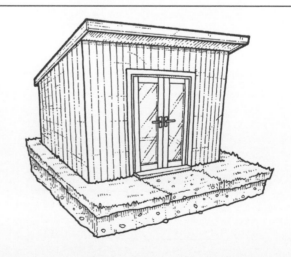

开孔门

第二种选择是保留一个敞开的门洞，只是简单地加上门框，小木屋变成非常吸引人的开放式避暑别墅。这是在夏夜娱乐的理想选择，也可以用一本好书来打发时间。为了保护个人隐私，你可以加门帘，或在门框周围装饰上彩灯。如果你真的选择了这种门，那么内部的防风雨措施是非常重要的，或者喷涂罩面漆，或者选择能够长久经受户外环境考验的材料。

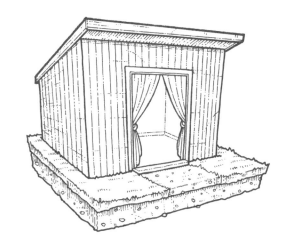

实心门

另一个选择是安装对开实心门。例如，如果你想把小木屋锁上，或者当作自行车车库，主要为了安全而不是自然光，那么实心门是一个很好的选择。或者，如果你想当作工作间，且不介意开着门工作，那么选择实木门也十分合适。如果你既想要安全性，也确实需要自然光，那么可以在门的任意两侧或是两个侧墙的后面安上窗户。（参见"安装成品窗"）

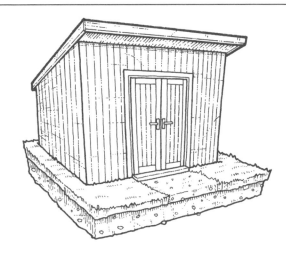

部分玻璃的双开门

如果你需要自然光，但不想安装整体玻璃结构，那么部分玻璃双开门比较合适。你可能会发现，整体玻璃窗会透进更多的光线，但缺少足够的隐私，所以想想你的门会朝哪个方向，以及你想展示什么。

4.17 固定门框

对于这座小木屋，我们选择了带回扣的法式门。安装这类门是很困难的，因为你需要让两个同时移动的门与框架完全匹配，并在同一时点关闭。

企口是"嘴唇"，沿着每扇门的边缘向下延伸，当门关闭时重叠。虽然你可以买带有现成框架的门，只需要调整和安装铰链（参见"门合页"），但我们建议你购买一套已经安装好合页的成品门。

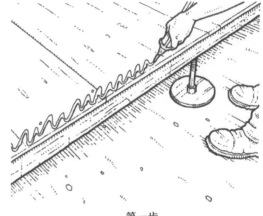

第一步

在摆放门框的位置，沿着地板打上一条硅胶。这样可以防止雨水从门框下渗入。

第二步

立起门框。

材料

- 透明硅酮密封胶管
- 一对带企口的法式外门（最好是成品门）及门框
- 10 个塑料楔子（0—10 毫米）
- 16 颗螺丝钉——5 毫米 × 70 毫米的自埋头米字槽螺丝钉

工具

- 密封胶枪
- 锤子
- 2 个单手棒夹
- 水平仪
- 卷尺
- 电钻
- 5 毫米钻头
- PZ2 型号米字槽螺丝刀
- 工艺刀或手锯

第三步

门框摆放的位置需要向前凸出，超过外部涂层5毫米，因为外部覆层仍需要一些东西使表面整齐。将一块外部覆层靠在门框外侧，留出5毫米的位置。

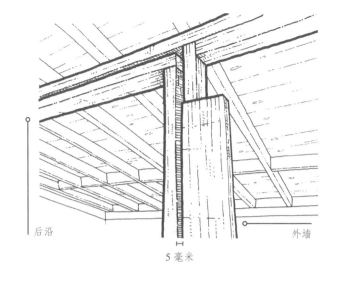

后沿

外墙

5毫米

第四步

敲入4个楔子，将门框的侧面固定，顶部2个，底部2个。为了门框更加稳固，选两处用棒夹夹紧。这个工作需要两个人完成：一个人扶住框架，另一个人敲进楔子并拧紧棒夹。

警告！

注意门洞要预留211.5厘米高×163厘米宽。大多数外门采用标准尺寸，通常为198厘米高×152.5厘米宽。你需要确保你的门和门框的尺寸不超过门洞。

基本常识

门应该朝外开，这样可以腾出更多的空间。

第五步

用水平仪检查门框是否垂直和水平。（参见"水平仪的使用"）如果有误差，可以用锤子轻敲框架来调整。地板应该是水平的，但是如果稍微有一点向外倾斜，可以用楔子垫在门框最低的门角处，然后用硅胶填充空隙。通过检查对角线来检查门框是否方正。（参见"制作框架并调平"）

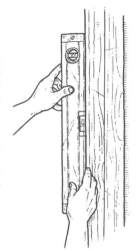

第六步

在图中所示的 8 个位置预钻孔，并各用两颗 5 毫米×70 毫米的螺丝钉固定门框。两颗螺丝钉，一颗钉在门挡上，一颗钉在门边框上。

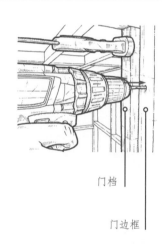

门挡

门边框

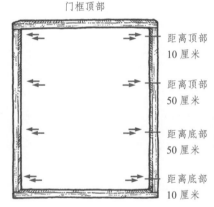

门框顶部

距离顶部
10 厘米

距离顶部
50 厘米

距离底部
50 厘米

距离底部
10 厘米

第七步

去掉木楔尾端突出小屋框架的部分。用小刻刀在木楔与小屋框架的接触点划线并将其折断（注意不是与门框的接触点）。如果木楔太厚，无法直接折断，可以使用手锯，但小心不要破坏门框。

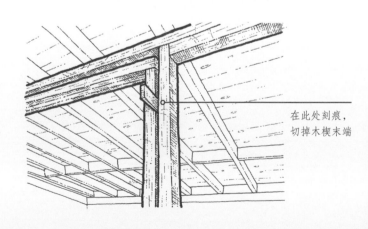

在此处刻痕，
切掉木楔末端

4.18 门合页

如果你买的是成品门，可以跳过这个阶段，但大多数双开门和框架需要去掉合页并固定到位。

双开门很重，尤其是玻璃门，所以为了确保安全，需要在每扇门上安装3个合页（顶部、中间和底部）。安装3个合页还可以防止门长期在潮湿的环境中变形弯曲。

注意！

安装合页比较困难——最好找一个木工来做这项工作。

材料
• 6个合页——10厘米外装对接合页及螺丝钉
• 2个塑料楔子（0—10毫米）

工具
• 削尖的2H铅笔
• 工艺刀
• 凿子
• 锤子
• 电钻
• 安装合页螺丝钉的钻头和螺丝刀

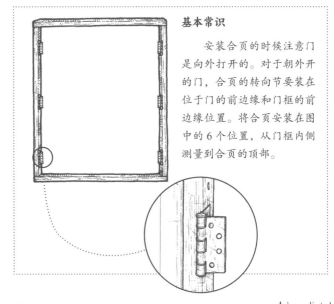

基本常识

安装合页的时候注意门是向外打开的。对于朝外开的门，合页的转向节要装在位于门的前边缘和门框的前边缘位置。将合页安装在图中的6个位置，从门框内侧测量到合页的顶部。

第一步

从门框顶部开始标记第一个合页的位置。做此步骤时，将一个合页贴靠在门框的内边缘处，并用2H铅笔围绕标记，同时用手工刀沿着铅笔记号标记（这有助于凿削）。

转向节位于门框前边缘

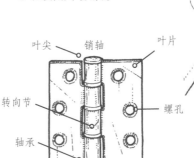

叶尖　销轴　叶片

转向节

螺孔

轴承

79

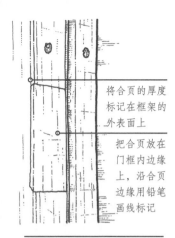
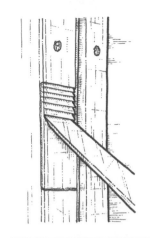
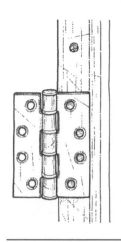

将合页的厚度标记在框架的外表面上

把合页放在门框内边缘上，沿合页边缘用铅笔画线标记

第二步

测量合页的厚度，并标记在门框的外表面上。用手工刀沿着这个铅笔记号切下。对所有 6 个合页都重复第一步和第二步。

第三步

现在，用一把锋利的凿子，沿着合页切割，切割深度为标记合页厚度的位置。

第四步

将合页安装位置的木屑轻轻凿至合页的深度。试一下将合页安放在凿掉的凹处——合页应该与门框表面齐平，并正好深浅合适。

第五步

在同伴帮助下，将其中一扇门提起。门扇上下和门框之间要留出几毫米的间隙。一个好办法是在门扇上方和门框之间夹一枚 10 便士的硬币，然后在门的底部敲入两个塑料楔子形成一个缺口。

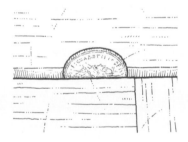
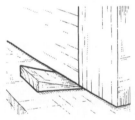

第六步

当一个人扶住门的同时，另一个人对着门框上已经凿好的 6 个安装合页的位置，用铅笔将对应的位置标记在门扇上。

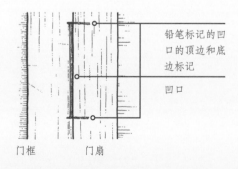

铅笔标记的凹口的顶边和底边标记

凹口

门框　　门扇

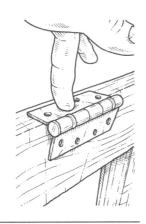

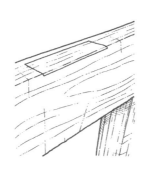

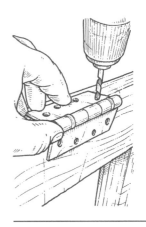

第七步

现在把合页放在门扇上。将门扇的一侧立住，门扇的后边朝上。将合页放在这一边，对着刚才在门正面所标记的位置放置。

第八步

绕着合页用铅笔画一圈，并标记合页的深度。用手工刀沿着标记像前面一样凿出凹口。对两个门扇其他合页的位置重复上述步骤。

第九步

预钻孔并将所有6个合页固定在门上，确保合页与门平齐。

第十步

将门扇立起放回原位，在每个合页上预钻孔并只固定一颗螺丝钉。检查门是否能正常地打开和关闭，必要时进行调整，然后再钻孔并将其余螺丝钉固定在门框上。

门扇　门框

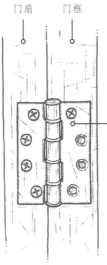

仅在合页上固定一颗螺丝钉，之后检查是否能关上

警告！

如果你打算安装门把手或锁，你需要再次把门取下来。

4.19 安装门把手和插芯锁

如果你初次接触DIY建造，在企口门（即法式门）上安装插芯锁就像一个初学烹饪的厨师试图做三层蛋奶酥。制作过程比较复杂，不能用三言两语解释清楚，所以这是在木屋建造中我们唯一建议你依赖专业人士的部分（除了电气）。

我们在这一步骤中推荐借助专业人士帮助有三个原因。第一，使用的材料——双开门，是小木屋里最昂贵的材料之一，任何建造中的错误修复起来都比较贵，而且很难修复。第二，如果你计划在小木屋里储存一些贵重东西，那么锁和把手的正确安装就非常重要；甚至你的保险公司也可能坚持让专业人士来安装。第三，不同制造商的插芯锁也可能会有所不同，通常会附带特定的说明和切割模板。

也就是说，如果你已经在DIY上很有经验了，你可能会喜欢这个挑战。插芯锁通常配有以下附件：锁体和面板、锁扣盒、螺丝钉和封隔器。（这些部件使锁与槽口前部齐平）还应该有一套安装说明和一个纸模板，以帮助定位各种锁元件。

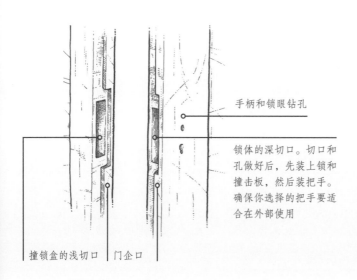

手柄和锁眼钻孔

锁体的深切口。切口和孔做好后，先装上锁和撞击板，然后装把手。确保你选择的把手要适合在外部使用

撞锁盒的浅切口　门企口

锁的安装

安装锁需要在两个门扇的前边缘凿出整齐的矩形切口，可以在原位直接操作，或者更好的做法是，将门扇拿下来夹在工作台上操作。

需要做两个切口：一个深的切口用于安装锁体和面板；一个浅的切口用于安装撞锁盒（闩锁和死锁固定的金属板）。

你需要为手柄轴（用于连接手柄）和锁孔钻出精确的孔。

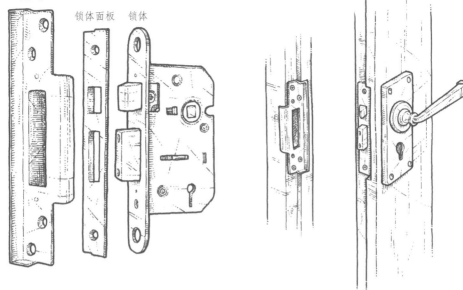

锁扣箱　　锁体面板　锁体

门闩和船用挂钩

对于企口门，其中的一扇门大部分时间是关闭的，另一扇门常常是打开的。要使从门保持关闭状态，你还需要在门内侧安装两个门闩，顶部和底部各一个，使门与门框锁定，或解锁来打开两个门。买两个船用挂钩是一个好主意，这样你可以打开一扇门或两扇门都打开，而不会被风吹走。

船用挂钩

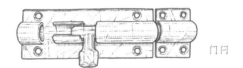

门闩

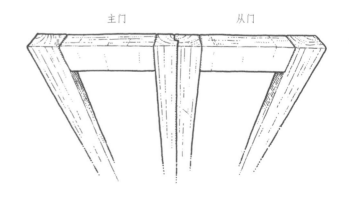

主门　　　　　　　　从门

4.20 安装成品窗

这座小木屋不需要窗户，玻璃门可以给你提供充足的自然光。然而，如果你打算睡在小木屋里或者安装一个木质暖炉，那么将窗户打开可以使屋内空气新鲜（在通风口旁边——参见"通风"）并照入更多阳光。成品窗安装起来简单易行。安装窗的技术类似于安装门框。

这个步骤可以在组合框架时完成，也可以在框架完成后再做。无论选择多大尺寸的窗户，或是选择把窗户放在小木屋的哪一边，原则都是一样的——你需要开一个比窗框大5毫米的开口，（给窗框留足嵌入空间）然后在顶部、底部和侧面增加额外的支撑，以保证窗户的安全。

小木屋框架是由5厘米×7.5厘米的木材制成的，你需要更多的这种木材来制作窗洞。为了支撑屋顶的重量，窗户上面的顶梁（像房子的过梁）需要更粗一点，因此需要7.5厘米×7.5厘米的短木材。

材料

- 顶部短木料——7.5厘米×7.5厘米的标准木料
- 支撑框架的支撑木——大约8厘米×5厘米×7.5厘米的标准木料
- 大约40颗螺丝钉——5毫米×70毫米的自埋头米字槽螺丝钉
- 一管硅酮密封胶（取决于小木屋外部饰面）
- 窗框、窗扇
- 4个塑料楔子（0—10毫米）
- 大约8颗螺丝钉——5毫米×70毫米的自埋头米字槽螺丝钉

工具

- 卷尺
- 电钻
- 5毫米钻头
- PZ2型号米字槽螺丝刀
- 密封胶枪
- 2个单手棒夹
- 水平仪
- 工艺刀或手锯

第一步

测量窗框外侧的宽度和高度，包括窗台底部（如果有），四周加上5毫米——这是窗洞的大概尺寸。

第二步

这是一个框架（包括支柱架和承梁板），但你可以把窗户安装在任何一个合适的框中。必要时可以切割已建成的墙筋，装上窗框，并在每个接头处用两颗5毫米×70毫米的螺丝钉将新框架固定。用卷尺检查孔径是否为方形。（参见"制作框架并调平"）

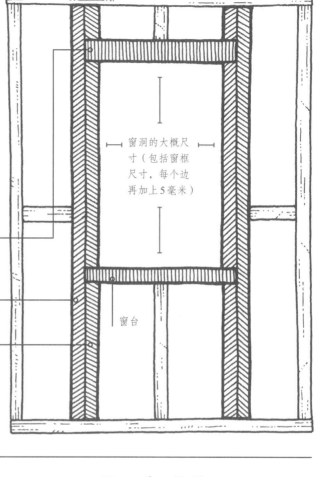

窗洞的大概尺寸（包括窗框尺寸，每个边再加上5毫米）

顶梁7.5厘米×7.5厘米（用较厚的木架来支撑屋顶向下的压力）

主支柱（全长的附加支柱）

辅支柱（支撑窗台底部）

窗台

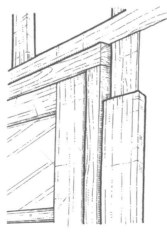

警告！

如果你的窗户很重或很大，请在固定窗框的时候先把玻璃取下来，然后在第五步之后重新安装。这样安装窗框更容易一些。

第三步

把窗户放进框中，检查大小是否合适。确保窗框向前放置一些，超过墙体覆层以外5毫米的位置——覆层需要一些材料使之齐平。为了正确操作，把一块备用的覆层靠在窗框的侧面，再测量5毫米。

第四步

敲入 4 个楔子将窗框固定——顶部两个，底部两个。在两个位置夹上棒夹，使其更加稳定。用水平仪检查窗框是否垂直和水平。（参见"水平仪的使用"）如有必要，用锤子轻敲框架，调整垂直度。（如稍有不平，在窗框最下角用楔子将其提升至水平位置）

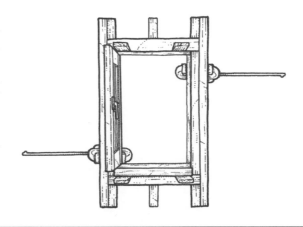

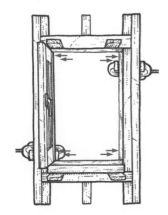

第五步

将安装玻璃的框架部分打开，但注意窗框要保持在原位，在以下4 个位置用两颗 5 毫米×70 毫米的螺丝钉预钻孔并将窗框固定到位。从窗框内侧钉入螺丝钉。

第六步

切下楔子的末端，使其不会在窗框上突出出来。用手工刀切，然后折断。

第七步

用硅酮填缝剂小心地填充窗框和窗洞之间的间隙。

4.21 外墙覆层

制作小木屋的外墙覆层有足够的发挥空间。可以使用波纹板，也可以用直接从树上切下来的包层，每种材料都会为小木屋创造不同的视觉效果。

材料

- 榫槽接合板
- 覆面钉——35毫米镀锌钉
- 镶板钉——30毫米镀锌钉
- 4个直角成形角饰板——4厘米×4厘米
- 木材防腐剂（如果使用未经处理的软木饰板）
- 外部密封剂（可涂漆）

工具

- 削尖的2H铅笔
- 锤子或钉枪

这座小木屋使用木材包层作为外墙覆层。它很容易固定，价格便宜，而且很容易获得，但是即使选择了木材包层，也有许多不同的选择。在这里我们使用了榫槽接合板。

根据外墙覆层使用的不同材料，你可以水平固定或垂直固定木板，两种方式会给小木屋带来不同的感觉。

有一点很重要，如果选择平铺的方式，可以在安装覆层后再铺拐角部分，但如果选择重叠的方法，则需要先铺拐角部分的覆层。（参见下文）

覆层剖面图

搭叠式　　　羽状式　　　榫槽式　　　开口V形

如何安装覆层

有两种方法来固定外墙覆层：
水平或垂直。最好始终使用整
料覆层，而不是用许多短木料
拼接，但如果只能连接两段短
木料，请确保在支柱、横撑或
墙筋上将它们衔接。

垂直覆层

第一步

每次都是从角落开始完成整面
墙的工作，在每块覆层的顶部
和底部固定两颗钉子，中间固
定在支柱或横撑上。

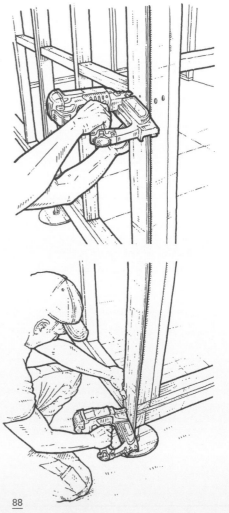

第二步

每钉完 4 块木板，用水平仪检查木板是否垂直，并根据需要进行调整。在最后倾斜的地方，需要以 10° 角切割覆层的一端，使其紧贴屋顶线。（参见"侧墙框架：第一部分"）

水平覆层

从小木屋底部开始向上安装，再次说明，如需衔接覆层木块，需要在支柱或横掌上连接。不要将两块覆层一块接一块地排列，要像砌砖一样交错排列，这样看起来更好看。每块木板用两颗钉子固定在墙架上。每钉 4 块木板用水平仪检查每块木板是否水平，并根据需要进行调整。在倾斜的侧壁上，为调节覆层与屋顶坡度，需要用手锯或竖锯修整覆层。

处理覆层

根据覆层所用木材的不同，你可能需要在将其固定之前对木料进行处理。所有覆层都需要预处理以适合户外使用，所以在开始之前，要么购买经过抗压处理的木材，要么涂上两层防腐剂。

如果你正在涂覆层，在将覆层固定到小木屋上之前，应该先完成第一遍涂层工作。所有类型的覆层材料都会随着天气的变化而轻微地膨胀和收缩。我猜你不希望看到未上漆的木条，那么先用底漆、面漆，然后涂上第一层涂层。（参见"给小木屋刷漆"）

选择合适的钉子

所有钉子必须适合户外使用，即镀锌钉子（用于橡木的不锈钢或铜）。你可以用射钉枪，也可以用手锤锤钉子。某些情况需要使用"隐藏的钉子"，这意味着你将木板固定在被下一块木板覆盖的地方，但是大多数情况下，直接将钉子钉入覆层是可以的。

钉子的长度应该至少是覆层厚度的 2.5 倍。所以，如果你的覆层是 14 毫米厚，就要使用 35 毫米长的钉子。

完成门框的修整

无论你是水平安装还是垂直安装覆层，都需要切割包层木板以便与门框准确地吻合。门框与覆层连接时，需要用外部密封剂进行表面处理，以防止进水。如果你打算给小木屋上漆，可以使用透明或白色的密封剂；如果你使用的是生木材，可以用与木材颜色相匹配的密封剂。同时在覆层与任何角板相交的地方涂上一层密封剂。

正确做法

　　为确保上好一道又长又细的密封剂，施工需要稳并连续不间断。

安装角板

覆层两个面相交的屋角易受雨水渗透，需要用墙角饰板进行保护。根据覆层的不同安装结构（平铺或重叠），有两种选择。

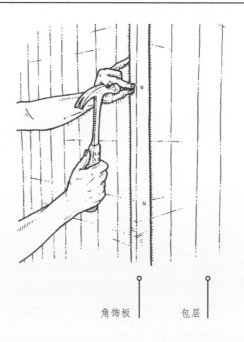

角饰板　　　　包层

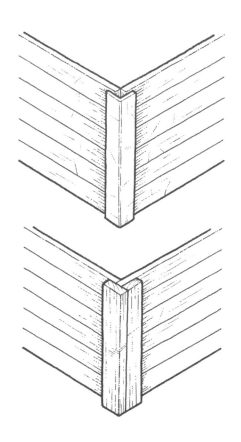

平铺覆层的角饰板

如果覆层是平铺的（如榫槽接合板），你可以用整根直角木料（4厘米×4厘米）包住屋角，把木料切割成正确的尺寸。由于大多数直角木料都是由未经处理的软木制成，你需要用木材防腐剂进行预处理，并用油漆进行表面处理。我们使用4厘米×4厘米的直角木料，每40厘米用30毫米镀锌板钉在两面固定。或者，可以将两根木料钉在一起形成一个直角的角饰板。

重叠覆层的角饰板

如果覆层是重叠的，就需用两段木料做一个角饰板，在覆层被固定之前将其钉在拐角上。这些角饰板可以用覆层的木料切割来制作，在许多情况下，覆层供应商就可以提供。然后再切割覆层，使其与角饰板对接。

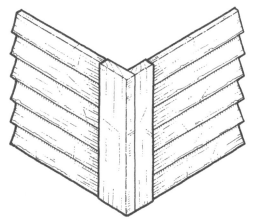

4.22 低衬和封檐板

你差不多到了完成屋顶覆盖和小木屋防水的阶段，但是还需要修整清理屋顶天花板和檐口。

屋顶从四面延伸出屋子的主体。当你站在挑檐下向上看时，你可以看到屋顶框架的木材。你需要用木料覆盖，可以用9毫米的胶合板制成。

你还需要在屋顶边缘贴上木板。封檐板的表面整洁，屋顶角饰可以很好地固定，也可以很好地隐藏屋顶表面露在外面的螺丝孔，这些螺丝露在外面并不好看。

封檐板覆盖在屋顶的边缘上

在屋檐下的低衬

测量挑檐的全长和深度

低衬

材料

- 一大块9毫米厚的胶合板——122厘米×244厘米
- 约75颗钉子——25毫米长镀锌钉
- 木材防腐剂

工具

- 卷尺
- 削尖的2H铅笔
- 梯子
- 锤子或射钉枪
- 竖锯或手锯
- 长直尺（长木材、水平仪或其他工厂切割板的边缘）
- 一对支架
- 漆刷

第一步

从木材的外边缘，测量前屋顶和后屋顶悬挑的全长和深度。测量的精确度与覆层的厚度有关。（我们测量的前悬部分为378厘米×38厘米，后悬部分为378厘米×4厘米）

第二步

你需要将两块胶合板对接在一起，形成一个完整的前低衬，后低衬的方法相同。如果你想用竖锯或手锯切割244厘米×122厘米的胶合板，你需要从一整张胶合板上切下所有的低衬（参见"切割板材"）。

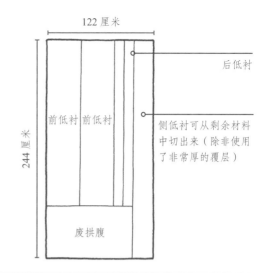

122 厘米

244 厘米

前低衬 前低衬

废拱腹

后低衬

侧低衬可从剩余材料中切出来（除非使用了非常厚的覆层）

第三步

在梯子上工作时，将屋子前后的低衬钉牢。前面的低衬应与两根椽子连接，每根椽子上各钉3个位置。后面的低衬要窄得多，但连接位置相同。每根椽子用2颗钉子固定。

第四步

测量侧面低衬。记住，由于前后低衬已经就位，因此侧面低衬不需要是屋子的整个深度。这些低衬非常窄，（我们的低衬是4厘米×251厘米）因此你应该能够从剩余的胶合板上切下这些材料，再次将两块连接成整体。（如果你的低衬比这里的还要窄，你需要买几段切好的宽度为9毫米的现成木条，然后钉上去）

第五步

用钉子将侧面低衬固定到屋顶框架上，每隔30厘米钉一颗。

第六步

给所有低衬涂两层木材防腐剂。（接下来将讨论最终的外部饰面）

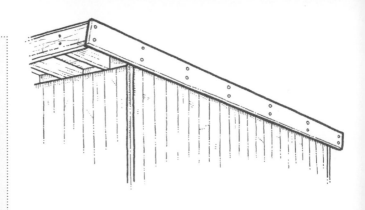

封檐板

材料

- 2 块长封檐板——382 厘米 × 2.5 厘米 × 15 厘米，经压力处理的标准木材
- 2 块短封檐板——300 厘米 × 2.5 厘米 × 15 厘米，经压力处理的标准木材
- 约 70 颗钉子——50 毫米镀锌
- 外部密封剂（可涂漆）

工具

- 锤子或射钉枪
- 密封剂枪

第一步

这项工作需要两个人完成。取一块短的封檐板钉在屋顶框架的一端，每隔 50 厘米用 2 颗钉子钉住。封檐板的大小与屋顶框架完全相同，因此两端都不应突出，封檐板也与屋顶胶合板的顶部齐平。

第二步

在小木屋的另一端，用另一块短封檐板重复上述步骤。

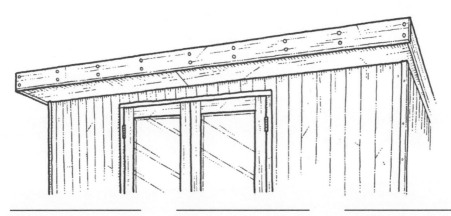

第三步

取一块长封檐板，用钉子钉在屋顶的正面，每 50 厘米用 2 颗钉子钉一次。确保封檐板的末端与侧封檐板和屋顶胶合板的顶部平齐。

第四步

重复上述步骤，在屋子后面钉另一块长封檐板。

第五步

一旦所有覆层、低衬和封檐板安装好，用一管外部密封剂（可涂漆）和一把胶枪密封覆层与低衬之间的缝隙。

4.23 给小木屋刷漆

如果你正准备给小木屋刷漆，那么趁机会在覆层上再刷一层漆，在所有裸木（门、门框、低衬、封檐板和墙角饰板）上刷漆。

不同的装饰会显著影响小木屋的最终外观，因此你可以设想一下想要什么效果。根据气候和位置的不同，你还必须考虑饰面的质地和寿命。我们在小木屋上用了两层黑色的外部涂层。

木材清漆

如果你喜欢天然的原木色，可以用清漆。它耐磨、可擦，并且寿命久。清漆很容易刷，通常只需要刷两层。缺点是屋内使用了不同的木材——覆层、胶合板和墙角装饰，并且大多数现代建筑木材都是速生松木，布满了节疤，因此涂清漆整体视觉效果一般。一种解决问题的方法就是刷一种添加了较深颜色的清漆，这样小木屋的整体色调就会比较统一，饰面的效果将从高光变成平面亚光效果。

木材染色

另一种处理表面的方法是给木材染色。染色的作用与木漆相似，都可以保护小木屋免受各种外界因素的影响，不同的是处理更巧妙。染色过程需要将染色剂浸泡进木材中，并保留原木纹理，这样就兼顾了两个效果：颜色和"自然"的外观。有很多种颜色可以选择，从斯堪的纳维亚风格的石灰水洗白到深灰和黑色，各种颜色都有。还可以选择各种光泽，从超亚光到半透明光泽。

室外木料刷漆

天空是应用外观颜色的极限。油漆比染色或清漆更容易产生视觉冲击，你可以尝试色调和暗影。饰面可以选择高光泽、平面亚光和蛋壳漆。亚光和蛋壳漆覆盖力强，它们往往不会突出木材表面的任何缺陷，给小木屋带来一种经典传统的感觉。缺点是，要想最后的效果好，在每一个节疤上需要先涂一层厚厚的底漆，以及底涂层，然后再涂两层面漆。

基本常识

木材染色往往只需要两层，而外部油漆则需要一层底漆和底涂层，然后再涂两层面漆。务必遵循制造商的说明。

4.24 屋顶覆层的选择

小木屋各部分中，屋顶是最关键的。它要防水性好、耐用，但也要好看，这是许多便宜的屋顶材料做不到的。我们的小木屋屋顶坡度很低——只有10°——所以有些屋顶方法（如黏土砖）就不适合。

在 DIY 市场中有几种不同的方法可选，下面将介绍一些。这里我们选用橡胶屋顶，因为它更好安装，价格合适，而且视觉效果不错。在下面的页面将详细介绍如何安装橡胶屋顶。如果你不想用橡胶屋顶，还有一些其他的选择来搭建单坡10°的屋顶。

屋面毛毡

对于普通或花园式的小木屋，毛毡是通常的选择。它价格便宜、便于安装，而且容易购买。缺点是看上去不十分好看，而且它的老化速度相对较快，特别是如果棚子选在了暴露于风雨侵袭的地方建造。同时它也不便于修补，即便只是出现了一个洞或局部损坏，你也需要更换整张毛毡。屋顶毛毡通常的使用寿命是5—15年。

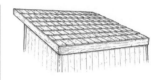

雪松木瓦

雪松木瓦含有一种天然防腐剂，所以它们不需要处理，并且具有很强的耐候性和抗裂性。它们能够用几十年，颜色会从红色和黄色变成柔和的银灰色。对于雪松木瓦屋顶来说，10°的坡度太小，因此你需要采取额外措施来为屋顶防水。雪松木瓦的供应商可以提供服务，但制造商通常建议你安装一个不透水、可渗透蒸汽的底层，作为第二道防线防止漏水，并用钉带（将板条固定在屋顶上）来密封。

金属板

从锌屋顶板到波纹屋顶板，金属一般是单坡屋顶的常见选择。但这也并不是没有问题的：金属会凝结水珠，在下大雨时会发出噪声，但如果安装得当，它可以看起来是一个光滑的工业品，也可以是个漂亮的农业品。瓦楞钢板的屋顶成本适中，而且也容易自己动手做；锌材以及专业安装，将会大大提高你的预算。如果你选择瓦楞钢板，还有一个关键问题就是如何修好屋顶边缘，阻止雨水渗入，使成果看上去更整洁。

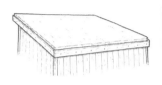

三元乙丙橡胶

建筑师们在平屋顶和单坡屋顶上使用橡胶板已经很多年了，但直到最近它们才被应用到小规模的花园建筑中。过程并不复杂，把一整层防水橡胶膜粘到屋顶上既快捷又简单，而且还有其他好处。三元乙丙橡胶与传统橡胶不同，它对紫外线和红外线的反应是稳定的，这意味着它在阳光下不会老化或开裂。它的成本相对较低，而且环保，寿命预期超过50年。从外观上看，三元乙丙橡胶看上去并不差：它是一种亚光的石板灰，从远处看像铅，而且与毛毡不同，它并不滋生苔藓。价格上它比毛毡贵，但比雪松木瓦要便宜。

生态屋顶

如果你喜欢生态屋顶，也可使用三元乙丙橡胶。这项技术与普通的稍有不同，因为你首先必须用额外的木材建造屋顶的侧面，以创建一个浅托盘。其次托盘内衬三元乙丙橡胶板，并用封檐板装饰。然后，你在屋顶托盘里填充一层，首先是排水层，然后是过滤绒，最后是你种植的各种植物。这个过程有很多书和网站提供指导。生态屋顶很容易吸引野生动物进入你的花园，但生态屋顶确实需要仔细规划，既要结实又要防水性好。

4.25 覆盖屋顶

三元乙丙橡胶是一种坚固时尚的屋顶材料。这里提供一个简单的方法：你直接把单层橡胶板粘在屋顶上，形成一个环保的石板灰色的防水盖，可以使用几十年。大多数三元乙丙橡胶零售商都会卖给你一套工具，包括薄板以及你可能需要的黏合剂和装饰配件。

第一步

将三元乙丙橡胶板展开铺到屋顶上，使其大致处于正确的位置。平铺橡胶板大概一小时，褶皱会自然消除。

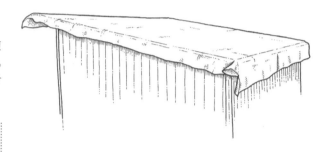

材料

- 三元乙丙橡胶板，3.5 米 × 4.25 米（四边缘都提供了一个大概 25 厘米的悬垂）
- 三元乙丙橡胶

工具

- 漆辊和杆
- 长柄软扫刷
- 梯子

第二步

将部分橡胶板折起来，露出半个屋顶。用油漆滚动刷在屋顶表面均匀地刷一层黏合剂。

正确做法

选择一个晴朗的日子，可以最大限度地提高橡胶的柔韧性。确保胶合板屋面板清洁干燥——橡胶膜不会粘在潮湿的表面上。

第三步

将橡胶板平铺回粘好的胶合板上，从中间铺向边缘，避免出现褶皱。用软刷子刷平褶皱，让橡胶板与胶合板充分黏合。

第四步

对另一半重复步骤一至三。

第五步

用软刷再刷一次，确保完成后屋顶无褶皱。

警告！

不要买便宜的橡胶板——三元乙丙橡胶是专为抵御紫外线和风化而设计的。

4.26 屋顶装饰

橡胶屋顶的边缘需要修整。最简单的解决方案是购买已设计好、适合三元乙丙橡胶的装饰件。这些材料可以是塑料的，也可以是金属的，分别用钉子或螺丝从橡胶板的粗糙边缘钉入封檐板。

如果你想在屋顶的后檐装排水槽，你需要将一个383厘米长的装饰件换成排水装饰件或滴水装饰件。固定方法类似，但设计时要从屋顶伸出几厘米，这样在装饰板和封檐板之间有足够的空间塞入排水槽的边缘。

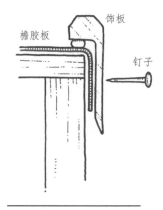

普通饰板

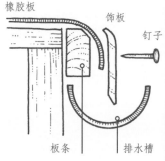

排水槽装饰

木条能让橡胶板更加远离棚子的边缘，让雨水滴进下面的排水槽中

材料

- 4个三元乙丙橡胶屋顶装饰件——2个305厘米长和2个383厘米长的装饰件
- 4个三元乙丙橡胶外角装饰件
- 装饰件固定件——塑料顶钉或自密封螺丝钉

工具

- 剪刀
- 锤子或电钻

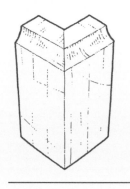

角饰板

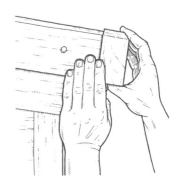

第一步

切割掉屋顶多余的橡胶板，四个侧面都留 7.5 厘米的悬垂部分。

第二步

将装饰件固定到位，并将其紧紧地压在封檐板上以确保防水密封。根据制造商的说明，通过预先钻好的固定孔将装饰件固定到位。每个系统都有自己的固定件——塑料装饰件使用塑料钉，金属装饰件使用自密封螺丝钉或六角紧固件，所有这些都是为了防止水渗入固定孔中。

第三步

固定屋顶四角上的接头。如果是塑料材料，用胶固定；如果是金属材料，用螺丝钉固定。

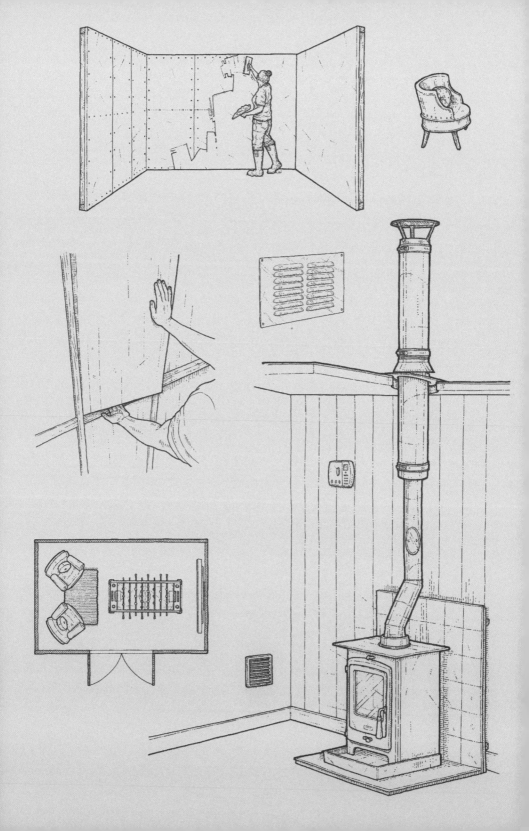

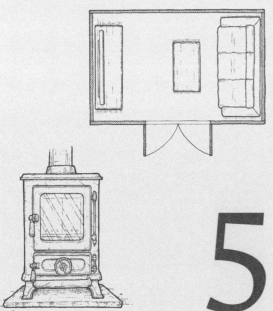

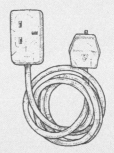

5

小木屋内饰

外部建造结构是非常严密的，现在你可以将个性和创造性表现在小木屋的内饰中。你有很多选择，而且这些选择都很妙，但也意味着不可能细说每一步的具体做法。所以，这一部分与之前略有不同。它讲述了一些怎样装饰内部的方法——例如，使用电器、木灶火炉或使用环保材料——但这取决于你要将小木屋打造成哪一种风格。其中一些方案需要专业人士的帮助；另一些方案对你来说，作为一个合格的小木屋建设者完全可以掌控。

5.1 电 路

给小木屋装上电路，花园就可以全天候使用。你可以办公、取暖、娱乐、使用电器，即便天黑以后也可以。

　　给小木屋供电比在家里接一根电线要复杂得多。户外电路会面临很多挑战，比如进水或被啮齿动物咬坏，所以所有从家里接到小木屋的电线都需要保护起来，可以埋在地下，也可以夹在固定的栅栏上。有了保护措施后电线就不太可能被园艺工具或地面工程损坏。

　　小木屋里的电器将通过供电箱（保险丝盒）与你的房子相连，并装有小木屋单独的断路器，以防发生事故。你自己或者电工必须确定所需电线的尺寸（取决于在小木屋中使用的电器或电动工具的数量），以及从房子到小木屋最佳的路线。

何时安装电气设备

安装电气设备分为两个阶段。在完成内墙装饰之前，你需要把所有的电线和插座盒都装进去——这叫作"一次安装"。在完成内部装饰和喷漆后，当开关／插座面板拧入到位并连接好灯具配件时，将进行"二次安装"。

自己动手还是请专业人士相助

理论上，根据当地建筑法规，你有两种选择。第一是找一个有资质的电工来安装小木屋的电气设备。第二是自己动手安装电气设备，让当地建筑法规和规范部门来检查和审批。我们建议你让专业人士来完成，因为避免潜在的风险可能比节省的成本更重要。但是，这里也有一些事情你可以自己做，性价比会更高。

自己寻找材料

挖电缆沟，（按照电工的规范）安装好电线后再回填，这样有助于降低成本。

放入接线盒及插座盒

这会加速整个过程，如果你已经确定想把灯和插座放在什么地方，以及你需要为多少电器供电，例如，机床、加热设备和窑炉都需要大量的电力。如果你对基本的接线有信心，你也可以安装各种插座盒和电缆，让电工把所有的东西都连接到电源上。

不用电网供电

你可以根据小木屋需要多少电力，安装不同的太阳能发电系统，从能为 LED 灯供电几小时的设备，到能为多个电器供电和储存电力的"迷你"太阳能发电站。这是一个专业领域，目前仍处于初级阶段，但如果连接到传统电网的成本过高，或者你对更可持续的能源形式感兴趣，那么这个选择是值得探索的。就需求而言，供暖需求总是电力供应上的一个巨大的消耗，所以适当地为小木屋做保温可以解决一半的问题。安装一个燃木火炉也减少了对电热的需求，节省的电力可供应其他电器和节能灯。

5.2 屋顶和墙壁保温

无论是硬质泡沫还是羊毛，现代的保温材料都会让你的木屋保持温暖。保温效果非常好，即使在寒冷的冬天，你只需要很少的额外供暖就能使小木屋非常舒适。在炎热的天气，它还能让你的小木屋保持凉爽。

我们已经对地板进行了保温处理，现在是时候考虑一下墙壁和天花板了。你有很多选择，这取决于你的预算。你还需要安装透气膜或隔汽层，以防止水汽凝结。

现在花在保温材料上的钱，将来会10倍回报你。保温材料价格各不相同，保温效果越好的材料，价格越高。保温是以 R 值（热阻）来衡量的：R 值越高，效果越好。

> **基本常识**
>
> 如果小木屋布设水、电、网络管线，比如管道、电力或 Wi-Fi，在此阶段你需要在完成保温以及墙框架被覆盖之前，确保所有的内部电线和管道到位。

保温材料类型	优点	缺点
矿棉（卷装或平板装）	• 便宜	• 切割和处理时会刺激皮肤、眼睛和喉咙 • 需要更多的矿棉才能达到与刚性绝缘材料相同的 R 值
刚性箔衬	• 易于操作 • 已加入膜	• 切割和处理时会刺激皮肤、眼睛和喉咙 • 比矿棉更贵
绵羊毛	• 环保、无刺激性	• 最贵的选择

切割和安装保温材料

不管选择什么类型的保温材料，关键是要尽可能严密保温。与地板保温层一样，如果使用刚性保温层，则需要用手锯准确切割，使其紧密地装在立柱或椽子之间。（参见"切割板材"）

刚性箔衬
保温材料

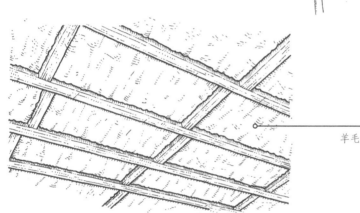

羊毛保温材料

对于羊毛保温材料（矿物或绵羊毛），原理同样适用，从矿物或羊毛卷上切下与木材长度相当的尺寸。在柔软和柔韧的材料上切割可能很难——按照羊毛保温材料的厚度和类型，人们采用不同的方法。墙纸裁刀、大刃刀（如面包刀）或将保温材料压在两块木板之间，然后用工艺刀、绝缘锯或手锯切割。

羊毛绝缘材料有不同的宽度，例如45厘米或60厘米宽，所以选择的尺寸要相同或略大于木架的长度。（羊毛可以被压缩到一个较小的空间中，但是如果羊毛比所需宽度宽5厘米以上，就需要切割，因为压缩羊毛会降低其R值）

选择膜的类型

不同的保温技术需要不同的膜，一些膜（如箔衬刚性绝缘材料）已经被纳入其中。你所需要的膜的类型也会根据小木屋包层材料不同而有所不同，例如，金属板特别容易凝结水汽。所以要向隔热材料供应商询问哪种方法最适合你的小木屋，以及是否需要一种膜或两者都需要。安装膜很简单，通常用射钉枪、防水胶带将接头包裹起来。

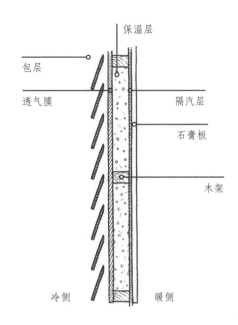

保温层

包层

透气膜

隔汽层

石膏板

木架

冷侧   暖侧

透气膜（BM）

这些是防水但透气的。它们被设计成放置在保温层的冷侧（隔热层和外部覆层之间），防止水从外部覆层中流过，同时让小木屋内的潮湿热空气找到出路，而不是收集并引起冷凝。

隔汽层 (VB)

这层隔膜的工作原理与透气膜不同。它位于保温层的暖侧（即室内），防止潮湿空气透过墙壁，并在接触到冷的物体时冷凝，比如小木屋包层内部。

正确做法

记住：透气膜装在隔热层的冷侧，隔汽层装在暖侧。

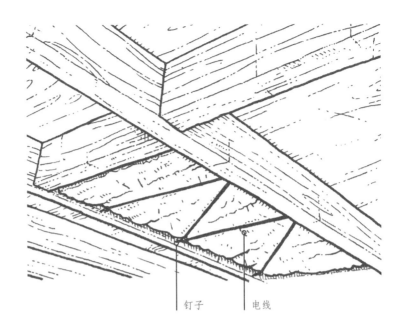

钉子   电线

安装保温材料就位

无论使用的是刚性保温材料还是羊毛保温材料，如果你能准确地切割，它将自然地贴合在墙上，而不需要进一步固定。头顶上或屋顶上的工作更加棘手，你会发现一些材料不会一直停留在原地。使用刚性保温材料时，最好使用摩擦配合（参见"地板保温"），但在内部天花板固定之前，松动的板材都可以用强力胶固定以防止脱落。

如果摩擦力合适，羊毛绝缘层也会一直留在屋顶上。如果一段羊毛太松，不断脱落，你可以在椽子的一边敲三颗钉子，在另一边敲两颗钉子，用细铁丝做一个"W"形来固定羊毛。

警告！

矿物棉对眼睛、皮肤和呼吸系统有刺激性，因此在处理或切割时，你需要穿戴一次性工作服、护目镜和合适的防尘口罩及手套。虽然刚性保温板处理起来会好很多，但切割时仍然会产生刺激性灰尘，所以一定要戴上防尘口罩。

5.3　内部包衬

由于你的小木屋已做好保温处理，而且受外界温度或湿度的影响很小，因此内墙的处理与其他房子的房间一样。在这里，我们为墙面覆盖物探索不同的选择。

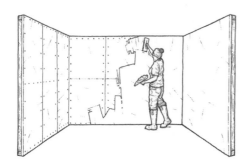

石膏板

大多数室内墙壁都是先用石膏板覆盖，再用一层很细的石膏覆盖。这样处理光滑、干净，而且容易上油漆或贴墙纸。然而，粉刷是一项技术活，所以除非你是内行，否则这项工作最好留给专业人士去做。为节省成本你可以自己将石膏板固定在内部框架上，只需支付粉刷（不会超过一天）的费用。在固定木板时，需要考虑以下几点：

石膏板应紧贴地板和天花板。如果需要石膏板相互对接，它们应该在龙骨的地方相交，用来固定石膏板。

如果你需要根据尺寸切割石膏板，先用卷尺测量，并用手工刀沿着木板的直边划线。将石膏板立起来，在板的反面轻轻推一下打开裂口。沿着裂边将

石膏板折回去，用工艺刀将其从缝上切下来。
在石膏板每个角落用螺丝钉固定，然后围绕板子周边，每30厘米钉一颗。用绳子或木板直尺在木板下面标出龙骨的位置，并每隔30厘米左右钉一颗。

把螺丝钉头敲入纸板表面的正下方，但不要太用力，否则它们会直接穿过板子。

如果你选择石膏板或薄板材，如中密度纤维板镶板，你还需要安装踢脚板以防止底部的板材损坏。可以用传统的踢脚板——家庭式的S形或网形——或更简单的即可，比如长度为2.5厘米×13厘米的直线形正规木材，可以用胶水或螺丝钉固定到位。

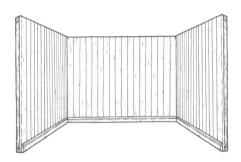 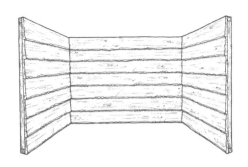

板材

另一个装饰小木屋墙面的快速方法是使用板材。从工业风的定欧松板到光滑的中密度纤维槽接合板，从美观的贴面胶合板到经济实惠的硬质纤维板，种类很多。它也不必是木质的：可以考虑金属板、聚碳酸酯、水泥板和再生塑料板。板材很容易上漆，覆盖在织物上，贴瓷砖或贴墙纸，或者直接将其本身作为表面。你应该考虑以下事项：

安装板材的过程与石膏板的过程类似，因为你需要测量并根据尺寸切割板材，修整板材边缘，使其与天花板平齐，并在有龙骨的中间连接。对于木质板，最好在木板底部和地板之间留出 3 毫米的伸缩缝，以防木材变形。

唯一需要考虑的因素是如何处理木板的合缝，以及在拐角处的合缝，因为你没有额外的覆层来隐藏缝隙。如果你打算给板材上油漆，先用柔性填缝料填充缝隙，然后它们就会消失在第一层油漆下面。

如果你打算让板材表面裸露，就需要确保板材尽可能紧密地相互对接，以保证饰面的整洁，并考虑用实木线装饰天花板与墙壁接缝和地板与墙壁接缝。

木材覆层

你也可以用木板固定内墙。你的选择与外部覆层一样多种多样——木板的厚度、剖面细节、木材类型、木材饰面都需要考虑，但你不需要额外考虑覆层防风雨的问题。

你也可以有一些美学的追求，通过使用粗糙的栅栏板铺房间，可以把室外的村野气息带到室内。或者，另一个预算的选择是松木榫槽接合板，要么刷上油漆，要么直接裸露。如果预算充裕，可以使用一些优质木材：雪松、橡木、伊罗科木。

木板的固定与室外施工没有什么不同。你可以把木板两端和龙骨钉在一起，也可以垂直、水平或对角固定木板。根据外形的不同，木板可以重叠，相互对接，或者在中间制作凹槽，你可以用宽木板、窄木板或宽窄混搭来装饰。

5.4 装饰你的小木屋

自建小木屋的最大优势就是你可以充分发挥自己的想象来
布置小屋的装饰。你可以自己动手粉刷、布置设计你的小
屋，使它成为一个你的空间。

如果你不知道怎样装饰或者不确定
从哪里开始，下面有一些建议：

大胆的配色方案

深色系运用在狭小空间中能达到不错的效果。
小木屋内除了营造宁静深沉的氛围，还可以通
过丰富的颜色营造出亮丽、轻松的别样氛围。
根据小木屋内光和影之间的平衡，你可以创造
完全不同的效果，比如一个深沉宁静的方案；
（主要得益于反射表面和闪光效果，以提升整体
空间）采用光影平衡（摆放不同风格的家具，
营造斯堪的纳维亚或中世纪效果）；或者简单
地用深色调来创建焦点，例如将门框涂成深色
将视线吸引到外部空间。

中性颜色

如果你想要一个明亮、通风的工作间，你可以
使用白色和中性色。明亮色通常是一种比较刺
眼、冷的颜色，所以可以使用暖灰色、灰白色
和黄色等中性色。一个快速的方法是从同一种
中性色系中选择四种色调——一种非常浅的色
调、两种中间色调和一种较深的色调。这就是
你的调色板。天花板用很淡的颜色涂。选用其
中一个中间色调刷两个相对的墙，另一个中间
色调刷其余两个相对的墙。这样的方案色调比
较丰富且有深度。在偶尔突出的亮点中使用最
深的色调，比如彩绘椅或桌腿，或配合一些软
装，如坐垫或沙发套。

保持空间畅通

你在地板上休息的时间越少,空间就越显得宽敞。尽可能多地将物品挂在墙上——钉子、挂钩、折叠桌、储物柜都可以;这样可以防止空间变得杂乱无章。你甚至可以在椽子上悬挂一些东西,比如悬挂一组架子。合理的储藏也很关键,特别是你打算将小屋用作家庭办公室或工作区。空间需要排列有序,如果你想布置一个高效的工作空间的话。存储并不一定是单调乏味的:开放的货架、透明的罐子和塑料盒都可以让你的工作间变得独特有趣,而许多存储理念可以让报废的储物柜和可堆叠的水果箱显得很美观,而且实现旧物再利用。

注入个性元素

小屋是一张白纸,需要注入你的个性。空间要有个性需要你把你认为重要的东西表现出来;用能让你心情振奋或能充分发挥你创造性的东西充实它,可以是家庭照片、儿童图画、最喜欢的体育纪念品,也可以是一堵布满鼓舞人心的话语或明信片的墙。假如你打算把这个空间用作工作室,要确保你的周围都是能激发你创造力的东西,比如其他艺术家的作品、正在创作的草图或激发灵感的样本。另一方面,如果当作一个放松的空间,想想那些能让你平静下来的事情——找一些家庭照片、旅行照片或最喜欢的艺术品摆放。

5.5 布 局

这座小木屋没有设计窗户，但双层玻璃门足以满足采光的需求。除了易于建造，这也使三面墙没有任何障碍物，提供了许多布局的可能。

在你决定在什么地方摆放家具，或者评估空间是否足够做你想做的事情之前，先测量一下小屋的内部，然后准备一张纸，坐下来。先把布局打乱，床、桌子、椅子、沙发——所有这些家具都是标准尺寸的，所以很容易制作出剪纸模板来摆放。

这里提供 10 种布局方案供你参考。它们都考虑了倾斜的侧墙和稍矮的后墙：

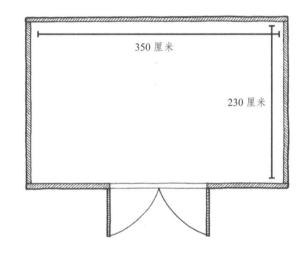

艺术工作室

画架、转椅、边桌、大办公桌和储物架

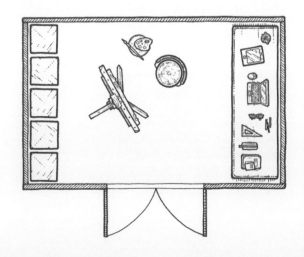

客房

双人床和衣柜

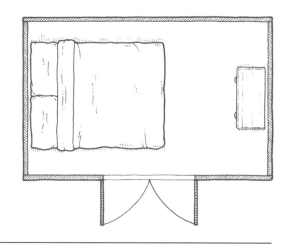

家庭影院

三座沙发床、咖啡桌和电视机

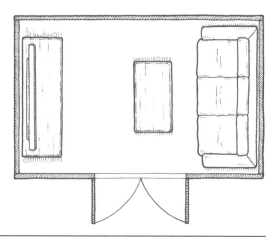

儿童游戏室

桌椅、两个豆袋、地毯和
玩具架

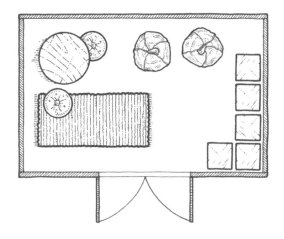

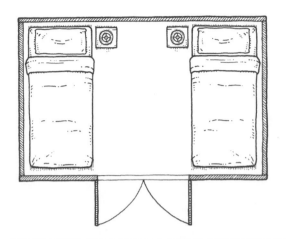

双人床客房

两张单人床、边桌和台灯

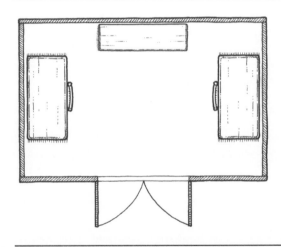

共用办公室

两张桌子和一个书柜

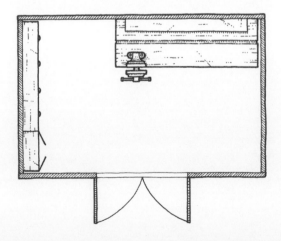

小车间

2米工作台、金属储物抽屉、壁橱及工作台上用的工具支架

娱乐空间

餐桌、燃木火炉、带台灯的控制台

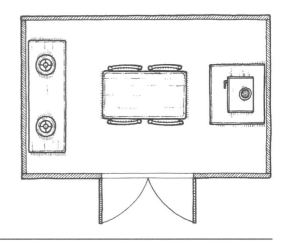

盆栽棚

工作台、双水槽和架子

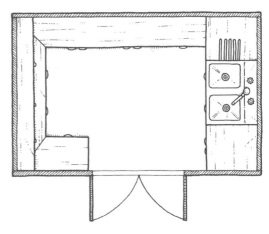

少年活动室

扶手沙发、地毯、电视机和台式足球桌

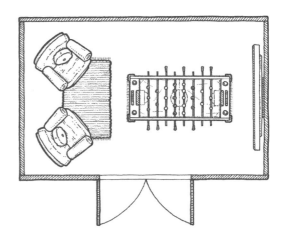

5.6 环保方案

小木屋是对环境影响最小的建筑方案——你不必苦苦搜寻
再生或环保材料来改造整个空间，有大量的环保方案供你
选择。

绿色装修不再只是一种被束之高阁的美学，许多人把使用环保材料视为当然。说到你的小木屋，在以下几方面要做到环保：使用回收或再生材料，购买环保产品。以下给环保型小木屋建设者提供了一些方案：

地板和墙面覆层

竹子：竹子是室内装修最受欢迎的建筑材料之一，无毒、耐用，可以用作实木地板或工程板。竹地板是很好的选择，它既有木地板的外观，又不像牌子货那么昂贵。

可持续利用木材：从全球森林管理委员会（FSC）的木材到回收的木板，木材的环保利用有很多方式。像橡树这样的硬木比软木更贵，一般来说，木板越宽，价格越高。

软木：软木重量轻，防潮，是有效的隔热降噪材料，而且是可再生资源。它可以替代瓷砖或木板，用于装饰墙壁和地面。

亚麻油地毡：由于绿色环保，在过去几年中亚麻油地毡被广泛使用。亚麻油地毡由亚麻籽油和木粉等全天然材料制成，具有耐用、抗微生物、易清洁的特点。

羊毛：特点是触感柔软、天然防污，而且可持续生产，100%羊毛地毯是小木屋的上好选择。也可以考虑由回收塑料、椰壳纤维、黄麻和剑麻制成的环保、柔韧的地板（包括地毯）。

油漆和饰面

油漆、清漆和染色剂：许多常规木材饰面含有大量挥发性有机化合物，会污染室内空气，影响人的身体健康，而环保涂料往往含有较少甚至不含有毒成分。可以寻找在油漆罐上印有"最低挥发性有机化合物""无挥发性有机化合物"或"无溶剂"等标签，以及诸如欧洲生态标签或美国绿色印章等标志的产品。

油和蜡：如果你想增加木材的美感，搜索以可持续采集的天然油为基础的产品，如亚麻籽、植物蜡和蜂蜡。

织物和家具

织物：尽管棉花是一种天然材料，但由于过量使用杀虫剂和水，再加上恶劣的生产条件和温室气体排放，它常常被称为世界上最脏的作物。有机棉、再生织物、大麻、竹纤维、大豆织物和羊毛都是更好的选择。

家具：讲究环保，你可以选择购买二手家具，但如果你在屋内装了燃木火炉，就不安全了，（参见"燃木火炉规则"）因为旧的家具通常不符合消防安全标准。如果你想用新家具装饰你的小木屋，那就找些经过森林管理委员会认证的木材做的家具，用回收或再生材料做的，或者是为了便于拆卸而做的家具。最后一点经常被忽视：耐用、制作精良、易于拆卸的家具在弃用时更容易被修复或整合到回收系统中。

环保建筑

"绿色"一词包括要合理使用资源，不会浪费材料。虽然这座小木屋并不是专门的环保建筑，但大部分的设计都是基于简单、可持续的材料（如木材或橡胶屋顶）制作。而且，如果你坚持环保，建造地基的可调节桩（参见"可调节桩或可调节支脚"）可以避免使用能量消耗大的混凝土，并且可以重新使用。安装燃木火炉、高R值保温层（参见"屋顶和墙壁保温"）和双层玻璃门将有助于保温，又节约能源。

你可以再进一步：选择天然保温材料而不是传统的矿棉或硬质泡沫，安装太阳能电池板，从屋顶收集雨水，使用节能等级高的电器，用无毒涂料装饰。还可以在小木屋周围种树——不仅可以美化自然景观，也可以中和建筑产生的一部分碳。

在选择家具时，还有很多方法可以减轻对环境的影响：

- 选择多功能家具，一件当多件。
- 选择设计用料少的家具。

5.7   使用再生材料

虽然小木屋的设计采用新的木材和板材，但也可以把废旧
材料运用到你的建筑中。事实上，用回收的木头、窗户和
其他部件建造一座小木屋，可以建造一座有特色又环保的
户外建筑。

　　废旧材料有两种形式。第一种是剩余的新材料。施工过程往往会浪费一些，因此超额购买或有剩余材料的建筑商并不少见。许多建筑商和房主不想把这些多余材料直接扔掉，（这会增加成本）更乐意以较低的价格出售这些材料。

废旧材料还包括从建筑物拆下来的材料，有的可以再利用。一些建筑材料，如椽子或地板，可能需要拔除钉子或整修，但结果可能非常值得，特别是贵重或稀缺树种，如红木、沥青松和橡木。剩余的保温材料和石膏板也是可以利用的东西——这两种材料的处理成本都很高，（许多当地的回收中心现在要收取清理费）因此通常有人愿意免费将这些材料送给需要的人。可以在拍卖网站上寻找信息，也可以查看当地的分类广告、旧货市场。

> **警告!**
>
> 　　如果你想在建筑中使用旧框架，你需要检查尺寸是否与实际尺寸相匹配，而不是说明中给出的标准尺寸。

何时采用回收材料

你自始至终都可以用再生材料建造一座小木屋。从回收的木框架到多余的保温板，从椽子到覆层，有很多的建筑材料可供选择。如果你有设计的眼光，还能从回收材料中找到大量的乐趣。最后完成一座有趣古朴的建筑，尤其是如果你利用了一些元素的特点，如门和地板。在任何环节都可以考虑使用再生材料，包括框架、板材、保温材料、门窗、地板、墙面覆层和外部覆层、照明和家具。

注意事项

有旧物利用经验的人会告诉你，你节省原材料成本，但需要花更多的时间，要么是整修或修补回收的物品，要么是为了新的效果而对其进行改造。这并不总是一个更便宜的选择，但取得的绿色环保效果以及激发的创造力是值得的。

警告！

回收的材料也需要是安全的，所以要检查钉子、锋利的边缘、易碎的玻璃和其他潜在的危险。旧建筑材料的利用，如石棉板、铅漆和未经测试的燃木火炉都是不可以用的，你还要意识到，二手的照明、软垫家具和二手电器可能不符合当前的安全标准。

5.8 通 风

这是一座保温良好、有双层玻璃且相对密闭的小木屋，所有这些都是为了防止热量流失。然而如果你想安装一个燃木火炉，就需要考虑小屋的通风，这样空间才更舒适，也更安全。

可打开式百叶窗

固定式百叶窗

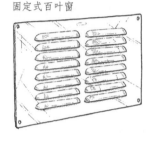

带燃木火炉的小木屋

带燃木火炉的小木屋（参见136—139页）需要持续供应氧气才能正常燃烧。如果你在没有新鲜空气的密闭房间里使用燃木火炉或任何可燃装置，会产生一氧化碳——一种无臭、无色的致命气体。所有燃木火炉必须由专业认证的工程师安装，或由建筑主管部门签字确认，建筑主管部门还会检查你的小屋内是否保持足够的通风。通风孔必须永久打开，不能关闭通风孔或用家具将其遮挡。

无燃木火炉的小木屋

面积小于15平方米、无燃木火炉的小木屋，在英国不合法规。但是，如果你打算在小屋里度过相对长的一段时间，工作或睡觉，新鲜空气不仅使空间更舒适，也有助于防止潮湿空气造成的冷凝、潮湿或霉菌。

简单的通风口有两种形式：可打开式百叶窗和固定式百叶窗。在大多数情况下，如果你没有安装燃木火炉，一个可打开式百叶窗对你的小屋就比较合适。它与打开窗户具有相同的效果，如果气流过大，可以把通风孔关上。

警告!

　如果你选择使用一个燃木火炉，你必须在小木屋内安装一个永久性的通风口，从外面吸入新鲜空气。

选择燃木火炉的通风口

通风口大小建筑法规有规定，与炉子的热量输出有关。炉子输出的热量越多，通风口越大。目前英国的规定是每千瓦 5.5 平方厘米。

在英国，一个 4 千瓦的炉子需要 22 平方厘米的通风口——这被称为"自由空气"测量法。

购买通风口时，不仅要看格栅的外部尺寸，你还需要注意"自由空气"测量值；不仅要考虑通风口及格栅的大小，还要考虑有多少空气可以通过通风口。

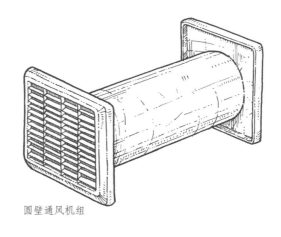

圆壁通风机组

定位和安装通风口

一旦小木屋内外覆层及木板装好，就可以安装通风口了。通风口有三个基本部件：固定在内墙上的内部格栅，固定在外墙上的外部格栅，通过墙体连接两个格栅的柔性管。安装通风口需要使用空心钻或钢丝

锯从墙壁的一侧钻一个孔，大小足够柔性管穿过，然后再将通风口拧到墙上之前将格栅连接到管道上。当你选择通风口的位置时，需要避开支柱和横梁。将通风口安排在火炉附近，踢脚板的上方。

基本常识

　　一些燃木火炉装有气流稳定器。这些设备的规则要求是不同的。请与安装工人或当地建筑主管部门联系。

警告！

　　对于有害烟雾或产生灰尘的机器（如窑或车床），简单的通风口就不够了，你需要专门的烟雾或灰尘抽取器。务必遵循制造商的指导或咨询官方安全建议。

5.9　安装燃木火炉

在深冬里，没有什么东西比得上熊熊燃烧的柴火更受欢迎的了，也没有什么比得上燃烧着木头的炉子发出的耀眼光热和舞动的火焰更暖人了。小木屋田园牧歌式的慢节奏和对大自然的亲近，与花园的宁静安逸相得益彰，十分和谐。

这是一幅田园诗般的画面：逃离都市的喧嚣，将自己锁在小屋中，让温暖包裹你的脚趾。但在投资安装火炉之前，有一些基本的安全因素和实际问题需要考虑。

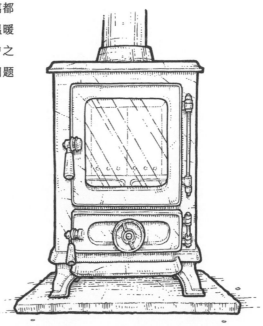

火炉大小

现代的燃木火炉效率很高。对于这种大小的小木屋，你不需要找比4千瓦更大的火炉了，否则会温度太高而不舒服。炉子越小，所占用小木屋的珍贵空间就越少，所以要找一个专门为小木屋设计的木火炉。

在小木屋中的位置

关于炉子以及与可燃物表面之间的距离有具体的规定。在小空间（如小木屋）的做法是用隔热板遮盖所有靠近的墙表面，并在地板上安装一个不可燃的炉床。（参见"燃木火炉规则"）

通风及烟道

任何燃木火炉都需要两个基本要素。第一是烟道，它把有害的烟从小木屋里抽出来，排放到大气中。第二是充分的通风——即使一个功能正常的炉子和烟道，如果你在一个密闭的房间里长时间烧火而没有持续氧气的供应，炉子也很快就会产生一氧化碳，而这是致命的。

烟和邻居

考虑并确保你在小木屋里使用木火炉的时候不会影响你的邻居。大多数城镇都是控烟的，就是说，你只能在一个不控烟的区域使用木火炉，否则你只能烧无烟燃料。即使你达到了这些标准，如果你的火炉制造了一些对他人有害或使他人反感的问题，例如烟雾排到了他人的花园或迫使他们不得不关闭窗户，这也可能被归为"妨害法律"，法院可能会阻止你继续使用或强制你支付损害赔偿金。

安装火炉

安装炉子时，需要遵守所有国家和地方法规，包括涉及国家和欧洲标准的法规（参见"燃木火炉规则"）。炉子必须由HETAS注册安装人员安装，或由当地建筑主管部门批准。

> **警告！**
>
> 如果安装燃木火炉，你必须配一个一氧化碳报警器。更多信息请参阅"通风"章节。

5.10 燃木火炉规则

当谈到室内舒适度时，大多数人把燃木火炉放在了心愿清单的最上面。安装过程比较简单，但为确保你和小屋的安全，必须严格遵守管理法规。有三个主要问题需要考虑：保护墙壁不受炉子热量的影响，保证有害烟气能排出屋外，给炉子提供坚实的底座。

右页图是英国炉灶建筑规范的基本指南。它仅供参考，你应参考建筑法规，了解详细信息或与建筑主管部门沟通。

1. 烟道高度

烟管的最高点至少不能低于距不可燃屋顶 600 毫米处，其他材料的屋顶，烟道的高度必须更高。查看当地建筑规范。

2. 双层烟道

穿过屋顶，必须有一段双层隔热烟道，距离任何可燃物至少 50 毫米。这段烟道通常延伸到小木屋内至少 300 毫米。

3. 通风

炉子需要新鲜空气才能正常燃烧。炉子每 1 千瓦的输出，必须有一个 5.5 平方厘米的固定开口的通风口。

4. 一氧化碳报警器

一氧化碳是致命的。你必须安装一氧化碳报警器并定期检查。

5. 炉床

炉床需要至少 12 毫米厚，由石头、瓷砖或玻璃等不可燃材料制成。它还需要突出火炉前方至少 225 毫米以及突出侧边各 150 毫米左右。

6. 隔热层

你必须保护小木屋墙壁不受炉子烟道的热度影响。最简单的方法是在炉子和烟道后面安装隔热板。如果你不想把整面墙都包起来，隔热板必须至少高出炉子上方 200 毫米。隔热板需要防火，25 毫米厚，由蛭石或石膏板等材料制成。把隔热板钉在墙上，与墙面留有间隔 10 毫米的空隙。（用小木块或楔子）

7. 弯管

烟气的排放需要沿烟气管道直线向上，因此 30° 的弯管不能超过两个，水平烟道不可以使用。

8. 墙托架

用墙托架保持烟道的直立稳定。

9. 单层烟道

从任意隔热层到烟道的距离必须至少为其直径的 1.5 倍或延伸至其直径的 1.5 倍。如果没有隔热层，此距离必须至少是直径的 3 倍。烟道必须从头到尾都是能够清洁的——许多烟道都有检修孔。

10. 炉子

炉子后部和隔热板之间应有 200 毫米的间隙。

11. 炉子位置

炉子必须与屋内的易燃物（垫子、家具、木筐、桌子等）保持至少 600 毫米的距离。

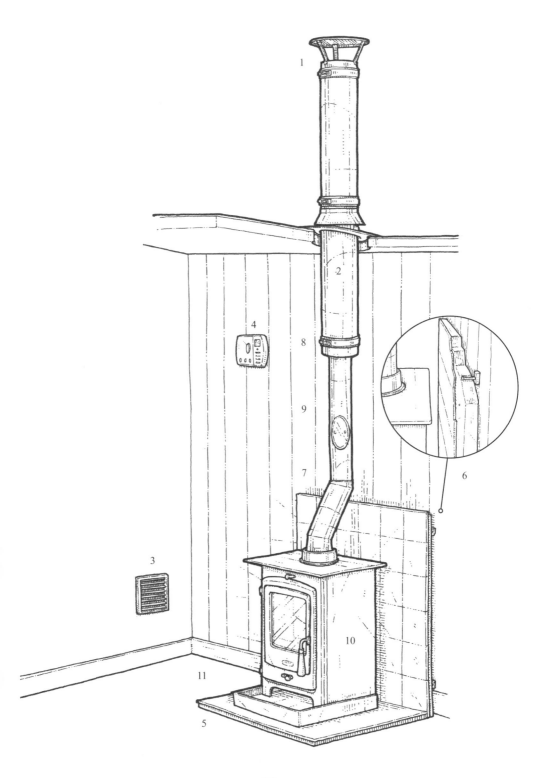

后 记

如果你读完这本书并完成了整座小木屋的建造，你真是太棒了！尤其是你想尝试新的技能时，遵循所有的操作说明并不那么容易，希望你知道房屋建造并不像看起来那么复杂。

如果你享受整个建造过程，那就更好了。一切顺利的话，在建造中你一定会学到一些技巧。如果你真的享受整个过程，你可能想要充分利用这些经验。

再做一遍

你现在是专家了。那么为什么不分享你的经验，给别人建造一座小木屋呢？你知道需要哪些材料，需要多长时间，所以建造一座类似的小木屋并不难。也许你知道某个人渴望宁静花园，但却没有足够预算来购买定制小木屋。第二次建造，你会发现完成起来更容易，甚至可以找到更简单的方法。

尝试不同的做法

如果觉得大多数小木屋的结构基本上都是千篇一律地固定在一起的框架，为什么不尝试设计和建造一些类似但是用途不同的东西呢？例如，可以很容易地缩小设计规模，建一个动物庇护所或鸡舍。也许你可以更改设计建一个存储室或游戏室，或者设计一个带窗的或不同种类门的屋子。或者把小木屋的长度增加一倍或三倍，建一座超大的车间或单独的住所怎么样？（当然也要根据需要和规划）

持续学习

如果你喜欢木工工作，可以考虑进一步加强经验。这座小木屋的建筑用到了木工最基本的手艺，但你可能想进阶到更高的一个层次，想参加一个木工课程或木工班。这甚至可能会开辟一个新的职业生涯。

完成更多的 DIY

我们这一代人不太擅长 DIY，我们有点能力欠缺，部分原因是学校不得不把教学重点放在核心科目上，还有一个更重要的原因可能是，家具和商品价格很便宜，因此我们不需要知道如何建造和修补它。如果再尝试一个 DIY 项目，你可能会发现许多建造说明和术语都非常熟悉。或者，即使你再也不用锤子，至少你会对这样的构建有一定的了解，并且能够更准确地预估所需成本和花费。

致　谢

感谢所有帮助设计、建造、组装和验收小木屋的人，特别是爸爸、锯木工厂的斯科特·沃克、快速地基解决方案的彼得·伊斯利、火龙神炉灶的马克·劳伦斯和室内设计师阿比盖尔·欧文斯。多亏了 LKP 团队，他们表现非常出色，特别是丽兹·费伯、切尔西·爱德华兹和亚历克斯·可可。

感谢我的经纪人简·格雷厄姆·莫尔。

这本书要献给刺猬，它们居住在小木屋下面，想待多久就待多久吧。